Teubner Studienbücher Angewandte Physik

B. Röder

Einführung in die
molekulare Photobiophysik

Teubner Studienbücher
Angewandte Physik

Herausgegeben von

Prof. Dr. rer. nat. Andreas Schlachetzki, Braunschweig
Prof. Dr. rer. nat. Max Schulz, Erlangen

Die Reihe „Angewandte Physik" befaßt sich mit Themen aus dem Grenzgebiet zwischen der Physik und den Ingenieurwissenschaften. Inhalt sind die allgemeinen Grundprinzipien der Anwendung von Naturgesetzen zur Lösung von Problemen, die sich dem Physiker und Ingenieur in der praktischen Arbeit stellen. Es wird ein breites Spektrum von Gebieten dargestellt, die durch die Nutzung physikalischer Vorstellungen und Methoden charakterisiert sind. Die Buchreihe richtet sich an Physiker und Ingenieure, wobei die einzelnen Bände der Reihe ebenso neben und zu Vorlesungen als auch zur Weiterbildung verwendet werden können.

Einführung in die molekulare Photobiophysik

Von Prof. Dr. rer. nat. habil. Beate Röder
Humboldt-Universität zu Berlin

Springer Fachmedien Wiesbaden GmbH

Prof. Dr. rer. nat. habil. Beate Röder

Geboren 1952 in Leipzig, Studium in Charkow (Ukraine), 1980/81 Aspirantur am II. Medizinischen Institut Moskau bei Ju. A. Vladimirov, Promotion 1982 (Dr. rer. nat.) an der Humboldt-Universität zu Berlin. Wissenschaftliche Assistentin an der HU Berlin, 1984 postgraduales Studium Hochschulpädagogik, Verleihung der Facultas docendi 1985, Promotion B 1986 (Dr. sc. nat.), Berufung als Dozentin 1987, 1989 Aufenthalt an der Bowling Green State University bei M. A. J. Rodgers. 1992 Gründungsmitglied der Gesellschaft für Bio-, Medizin- und Umwelt-Technologie e.V. 1992 Zuerkennung des akademischen Grades „Dr. rer. nat. habil." Seit 1993 Professorin an der Humboldt-Universität zu Berlin. Seit 1998 Mitglied der Leibniz-Sozietät e.V.

Die Deutsche Bibliothek – CIP-Einheitsaufnahme

Röder, Beate:
Einführung in die molekulare Photobiophysik / von Beate Röder. –
Stuttgart ; Leipzig : Teubner, 1999
  (Teubner-Studienbücher : Angewandte Physik)
  ISBN 978-3-519-03241-0   ISBN 978-3-663-01152-1 (eBook)
  DOI 10.1007/978-3-663-01152-1

© 1999 Springer Fachmedien Wiesbaden
Ursprünglich erschienen bei B. G. Teubner Stuttgart · Leipzig 1999

Vorwort

Während meiner Vorlesungen zur molekularen Photobiophysik wurde ich immer wieder von Studenten nach einer einführenden Literatur zu diesem Problemkreis gefragt, die es jedoch im engeren Sinne bisher nicht gibt. Natürlich liegt eine Vielzahl von Büchern und Übersichtsartikeln zu einzelnen fachspezifischen Fragestellungen vor. Allein die Literatur zur Photosynthese aus biologischer, bioenergetischer, physikalischer oder biochemischer Sicht ist kaum mehr zu überschauen und nimmt ständig an Umfang zu. Ebenso existieren eine Reihe von Standardwerken zur optischen Spektroskopie oder anderen in diesem Buch angesprochenen Problemkreisen. Dennoch ist es für den Neuling auf dem Gebiet der Photobiophysik nahezu unmöglich, sich in angemessener Zeit einen Überblick über die Vielfalt des für eine erfolgreiche Arbeit notwendigen Rüstzeugs zu verschaffen. Dies wird nicht zuletzt durch die noch immer gängige Studienpraxis der strengen Unterteilung der Naturwissenschaften in die "reine" Physik, Chemie, Biologie usw. an den Universitäten erschwert. Deshalb habe ich nach fast 20jähriger Lehrtätigkeit, dem Drängen meiner Studenten folgend und ermutigt durch meine Mitarbeiter und Kollegen, begonnen, eine Einführung in die molekulare Photobiophysik zu schreiben. Ziel dieses Buches ist es keinesfalls, dem Gros der einschlägigen Standardwerke zu dem einen oder anderen Problem ein weiteres Werk hinzuzufügen, weshalb solche Themen wie z. B. die Photosynthese bewußt nicht im Mittelpunkt der Betrachtung stehen, sondern in den Kontext einer allgemeinen Sicht auf die Problematik der molekularen Photobiophysik eingebunden werden. In dieser Einführung habe ich versucht, die aus meiner Sicht zum derzeitigen Zeitpunkt wesentlichen Aspekte der molekularen Photobiophysik möglichst übersichtlich und ausgewogen zu behandeln. Das schließt natürlich eine gewisse Subjektivität ein.

Das vorgelegte Resultat stellt deshalb einen Kompromiß dar, der zum einen die Vielfalt der Aspekte bei der Lösung photobiophysikalischer Fragestellungen aufzeigen und systematisieren und zum anderen dem interessierten Leser gezielte Hinweise für weiterführende vertiefende Literatur geben soll. Ein weiterer Kompromiß wurde hinsichtlich der Darstellungsweise der Materie getroffen. Da die Einführung fachübergreifend für Studenten der Physik, Biologie, Chemie und Medizin verständlich gehalten sein sollte, ist an vielen Stellen einer phänomenologischen Erklärung der Sachverhalte der Vorzug gegeben. In jedem Fall wird an diesen Stellen jedoch weiterführende Literatur empfohlen. Des weiteren habe ich ähnlich wie in meinen Vorlesungen zu jedem angesprochenen Problemkreis mindestens ein Beispiel ausführlich diskutiert. Um dem Buch einen zusätzlichen "roten Faden" zu verleihen und gleichzeitig die Komplexität photobiophysikalischer Forschung zu demonstrieren, habe ich in den meisten Fällen auf ein Tetrapyrrol zurückgegriffen.

Meiner festen Überzeugung einer ständig wachsenden Bedeutung der interdisziplinären Forschung folgend, habe ich mich bemüht, sowohl in der Darstellung der Gesamtproblematik wie auch der Auswahl von beispielhaften Literaturstellen zur Illustration der Einzelthemen, diesen Aspekt besonders hervorzuheben. Sollte diese Buch dazu beitragen, das Interesse an photobiophysikalischen Fragestellungen oder besser noch, an interdisziplinärer Forschungsarbeit, beim Leser zu wecken oder zu stärken, wäre das Ziel dieser Einführung erreicht.

Den Mitarbeitern und Studenten meiner Arbeitsgruppe danke ich für die Unterstützung bei der technischen Fertigstellung des Buchmanuskriptes.

Falkensee, im Januar 1999   Beate Röder

Inhalt

0   Einleitung

Die Entstehung, Entwicklung und das Fortbestehen von Leben auf unserem Planeten ist eng mit der Existenz der Sonne als unikale Quelle freier Energie verknüpft. Der Energiefluß von der Sonne zur Erde überdeckt zwar fast den gesamten Spektralbereich elektromagnetischer Strahlung, genutzt wird von den Organismen jedoch nur ein sehr geringer Teil. Dieser reicht vom Ultravioletten (UV) bis in den Nahen InfraRoten (NIR) Spektralbereich. Im Verlauf der Evolution des Lebens auf der Erde unterlag zudem ihre Rolle einem Wandel (Abb. 0.1). Während der präbiotischen Evolution spielte die hochenergetische UV-Strahlung eine entscheidende Rolle bei der abiogenen Synthese erster biologischer Bausteine. Bei Entstehen der Erde vor etwa $4{,}6 \cdot 10^9$ Jahren bestand die Erdatmosphäre hauptsächlich aus Edelgasen und Wasserstoff. Die darauf folgende Sekundäratmosphäre enthielt neben Ammoniak und Methan auch Wasserstoff und Wasser in Form von Wasserdampf. Diese Ammoniak-Methan-Wasser-Atmosphäre konnte ungehindert von der Sonnenstrahlung, einschließlich ihrer kurzwelligen Anteile ($\lambda < 200$ nm) durchdrungen werden. Im Resultat enstanden molekularer Sauerstoff und erste organische Verbindungen. Von besonderer Bedeutung in diesem Stadium der Erdgeschichte ist die photodissoziative Freisetzung von Sauerstoff aus Wasser. Dieser Prozeß stellte zum einen die einzige Sauerstoffquelle dar, andererseits entstand dabei aber nicht genug Sauerstoff für die Herausbildung einer Ozon-Schicht, die die hochenergetische UV-Strahlung hätte absorbieren können. Damit war es möglich, daß unter anaeroben Bedingungen und Nutzung von UV-Strahlung als Energiequelle in präbiotischen Prozessen organische Moleküle entstehen konnten, die die Hauptbestandteile biologisch relevanter Moleküle bilden: Zucker, Aminosäuren, Nukleoside, Nukleotide und Peptide. Somit waren alle Voraussetzungen für die Entstehung von sich selbst reproduzierenden Biopolymeren vorhanden. Dennoch vergingen nochmals ungefähr 10^9 Jahre, bevor sich ein genetischer Apparat herausbildete. Die Entstehung dieser komplizierten Strukturen erforderte eine weitestgehende Abschirmung der Biopolymere gegen UV-Strahlung (vgl. Abb. 0.2 und Kapitel 1). Zum Schutz dieser informationstragenden Moleküle vor der Photodestruktion durch UV-Strahlung, entwickelten die Organismen unterschiedlichste Schutz- und Reparatur-Mechanismen. Damit trat auch eine endgültige Änderung im

Wirkungsspektrum der UV-Strahlung ein. Während sie in den frühen Epochen der Erdentwicklung ausschließlich als Energielieferant diente, nahm ihre Bedeutung als notwendiger Umweltfaktor der Biosphäre im Verlauf der biologischen Evolution immer mehr zu.

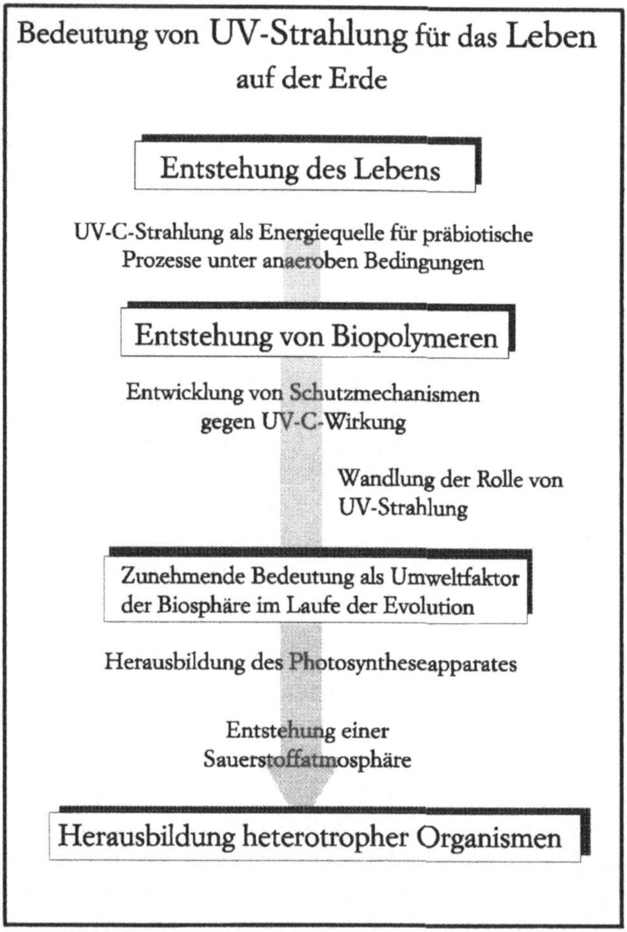

Abb. 0.1: Übersicht zur Rolle der UV-Strahlung im Verlauf der Evolution auf der Erde

Ein weiterer wesentlicher Schritt der biologischen Evolution auf der Erde war die Entstehung des Photosyntheseapparates. Damit war es Organismen möglich geworden, direkt elektromagnetische Energie in chemische Energie umzuwandeln. Unter noch anaeroben Bedingungen waren Schwefelpurpurbakterien in der Lage, mit Hilfe von Bacteriochlorophyll unter Spaltung von Schwefelwasserstoff aus anorganischen Stoffen organische Verbindungen zu synthetisieren. Die Entstehung von Blau- und Grünalgen vor $3 \cdot 10^9$ Jahren, die in ihrem Photosyntheseapparat Wasser unter Lichteinwirkung in Wasserstoff und Sauerstoff spalten konnten, war einer der wesentlichsten Schritte der biologischen Evolution auf der Erde.

Im Ergebnis entstand auf der Erde eine Sauerstoff-Atmosphäre, die die Koexistenz von *autotrophen* und *heterotrophen* Lebewesen ermöglichte. Unter dem Begriff der autotrophen Lebewesen faßt man alle zur Photosynthese befähigten Organismen, d.h. alle grünen Pflanzen und Plastiden enthaltende Bakterien, zusammen. Im Verlauf der Umwandlung elektromagnetischer Energie in chemische Energie wird Wasser in Wasserstoff und Sauerstoff gespalten, wobei der Sauerstoff an die Umwelt abgegeben wird und von den heterotrophen Organismen "veratmet" wird. In diesem Prozeß entsteht neben chemischer Energie Wasser und Kohlendioxid, welches an die Umwelt abgegeben und wiederum von autotrophen Organismen aufgenommen wird. Das Zusammenspiel von heterotrophen und autotrophen Organismen, welches zu einem energetisch ausbalancierten Gleichgewicht führt, ist in Abb. 0.2 dargestellt. Es wird deutlich, daß eine nachhaltige Störung des existierenden Gleichgewichtes zu katastrophalen Folgen für das Leben auf der Erde führen könnte. Während die zunehmende Industrialisierung einerseits zu steigender CO_2-Emission führt, wird durch die Vernichtung großer Waldflächen andererseits stetig die Produktion an molekularem Sauerstoff verringert.

Neben dieser existentiellen Rolle, die das Licht für das Leben auf der Erde spielt, ist es aber ebenso wichtig für die Entwicklung der einzelnen Individuen sowie die Orientierung (Sehprozeß, Phototaxis, Wärmesensoren) einer Vielzahl von Lebewesen. Neben diesen positiven Wirkungen, die beim Menschen auch eine stimulierende Wirkung auf das vegetative Nervensystem und verschiedene Stoffwechselvorgänge wie z.B. die Produktion von Vitamin D beinhalten, kann Licht, insbesondere im UV-Bereich, auch schädigende - *phototoxische* - Wirkungen haben. Dazu zählen die mit der Erythembildung verknüpften mehr oder weniger heftigen "Sonnenbrandschäden", Lichtdermatosen und photosensibilisierte Reaktionen. Ein Beispiel für die Auswirkung einer anhaltenden UV-Belastung der Haut ist die Bildung der sogenannten Leder- oder

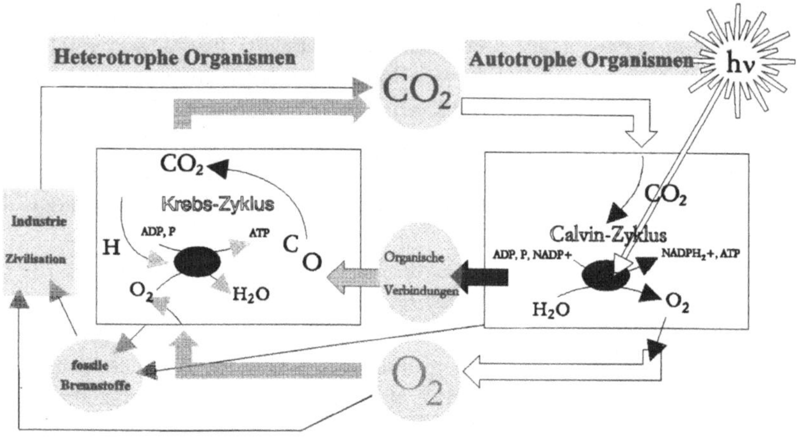

Abb.0.2: Schematische Darstellung der gegenseitigen Bedingtheit von
autotrophen und heterotrophen Lebensformen auf der Erde
(adaptiert nach [Re 82])

Altershaut. Durch die verstärkte Lipidperoxydation und den Zerfall der für die
Dehnung wichtigen kollagenen Fasern verlieren die Zellmembranen deutlich an
Elastizität und Flexibilität, was zu Faltenbildung und Verhornungen bis zur
Entwicklung bösartiger Hauttumoren führt. Unbestritten ist mittlerweile auch die
ursächliche Beteiligung von UV-Strahlung bei der Herausbildung bösartiger
Melanome. Wegen der sehr vielfältigen und in ihrer Konsequenz für den Organismus
sehr unterschiedlichen Wirkungen von "Licht" wird dieser schmale Bereich des
elektromagnetischen Spektrums nochmals nach der biologischen Wirksamkeit
unterteilt (Abb.03). Die Relevanz der unterschiedlichen Anteile des Lichtes für die
verschiedenen photoinduzierten Prozesse ist abhängig von den elektronischen
Eigenschaften der Biomoleküle. Während Biopolymere wie RNS, DNS und Proteine
vorzugsweise im UVC- (100-280nm) und UVB-Bereich (280-315nm) Licht
absorbieren, reicht das Spektrum für Fettsäuren (z.B. in den Membranen) bis in den
UVA-Bereich (315-400nm) hinein. Im sichtbaren Spektralbereich (400 - ca.700nm)
absorbieren diese für die Speicherung und Weitergabe von Informationen, die
Absicherung von Stoffwechselprozessen sowie die Strukturbildung so wichtigen
Moleküle keine Strahlung.

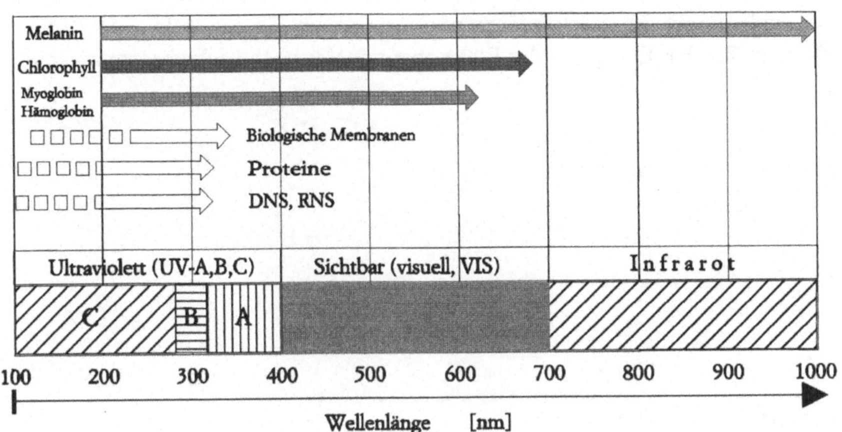

Abb.0.3: Übersicht zu biologisch relevanten Wirkungsbereichen elektromagnetischer Strahlung

Hingegen absorbieren die für den Energie- (Kapitel 3) und Ladungstransfer (Kapitel 4) wichtigen Moleküle, wie z.B. Chlorophyll oder der Hämfarbstoff neben UV-Strahlung vor allem auch Energie im sichtbaren Spektralbereich. Beide Moleküle gehören, ebenso wie das Bacteriochlorophyll, dessen Absorption bis 780nm reicht, der Klasse der Tetrapyrrole an. Tetrapyrrole sind makrozyklische, relativ stabile Verbindungen, die wegen ihrer besonderen elektronischen Eigenschaften überall dort in der Natur anzutreffen sind, wo Energie- oder Elektronentransferprozesse stattfinden: in der Photosynthese ebenso wie in den aktiven Zentren einer Vielzahl von Enzymen. Über den gesamten UV-VIS- und NIR-Spektralbereich absorbiert lediglich das Melanin elektromagnetische Strahlung. Daraus wird auch seine Bedeutung als Schutzpigment in unserer Haut verständlich.

Neben der direkten phototoxischen Wirkung durch Absorption von Licht im UV-Bereich können auch nach Absorption von Licht im sichtbaren oder NIR-Bereich durch *Photosensibilisatoren* (Kapitel 5) mittelbar phototoxische Reaktionen verursacht werden. Dabei können sowohl *endogene* wie auch *exogene* Photosensibilisatoren wirksam werden (z.B. Chlorophylle, Phorbide, Porphyrine). Aus diesen Ausführungen wird bereits deutlich, daß die Kenntnis und das

Verständnis komplexer photoinduzierter Prozesse in Organismen die Aufklärung der molekularen Prozesse voraussetzt. Da es unmöglich ist, die gesamte Vielfalt dieser Prozesse in einem einführenden Werk abzuhandeln, werden wir uns beispielhaft auf Prozesse beschränken, in denen Tetrapyrrole eine Rolle als "Relais" für den Energie- oder Elektronentransfer nach Lichtabsorption spielen.

Bildnachweis:
[Re 82] Renger G.: Biologische Energiekonservierung, in Biophysik, S.365, Hrsg. W.Hoppe, W.Lohmann, H.Markl, H. Ziegler, Springer-Verlag Berkin, Heidelberg, New York 1982

1 Grundlagen

1.1 Chemische Struktur biologisch relevanter Moleküle

1.1.1 Proteine

Proteine sind Biopolymere, die aus insgesamt nur 20 Aminosäuren und deren Derivaten gebildet werden. Wegen der Kettenlänge der Proteine ist eine Vielzahl von Variationen der *Aminosäuresequenz* möglich, was die Vielfalt der existierenden Proteine erklärt. So weist der menschliche Organismus z.B. ungefähr $5 \cdot 10^4$ verschiedene Proteine auf. In Abb. 1.1 ist die allgemeine Strukturormel von α-Aminosäuren dargestellt, worin R einen Rest bezeichnet, der neben Kohlenstoff und

$$H_3N - CH - R$$
$$|$$
$$COOH$$

Abb. 1.1: Allgemeine Strukturformel von α-Aminosäuren

Wasserstoff auch Sauerstoff, Schwefel oder Stickstoff enthalten kann. In der Photobiophysik sind allerdings nur die fünf in Tab. 1.1 aufgeführten Aminosäuren von Interesse, da für UV-Photoreaktionen (240-320nm) nur Aminosäuren mit Seitenketten, die entweder ein aromatisches π-Elektronensystem (vgl. Kapitel 2) oder Schwefel-Wasserstoff-Gruppen enthalten, prädestiniert sind.

Von außerordentlicher Bedeutung für die Eigenschaften der Proteine ist die Polarität der Seitenkette der Aminosäuren unter physiologischen Bedingungen. Außerdem besitzen Aminosäuren Säure-Base-Eigenschaften, d.h. sie liegen in Wasser als dipolares Ion oder Zwitterion vor (*Ampholyte*):

$$H_3N^+ - CHR - COOH + H_2O \underset{\text{pH 4-8}}{\overset{\text{pH<2}}{\rightleftharpoons}} H_3N^+ - CHR - COO^- + H_3^+O$$

$$H_3N^+ - CHR - COO^- + H_2O \quad \underset{pH>10}{\overset{pH\ 4-8}{\rightleftharpoons}} \quad H_2N^+ - CHR - COO^- + H_3^+O$$

Beide Faktoren sind bestimmend für den Charakter der räumlichen Struktur und der stereochemischen Natur der Aminosäuren, was wiederum relevant für den spezifischen Charakter von Enzymen, insbesondere von Substratbindungsregionen ist.

NAME MGW/SYMBOL	SEITENKETTE	CHARAKTER
TRYPTOPHAN 204 / Trp	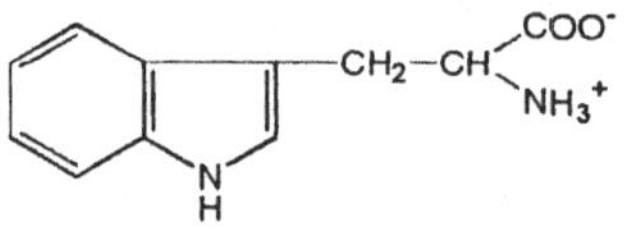 Indol–CH_2–$CH(NH_3^+)COO^-$	APOLAR HYDROPHOB
TYROSIN 181 / Tyr	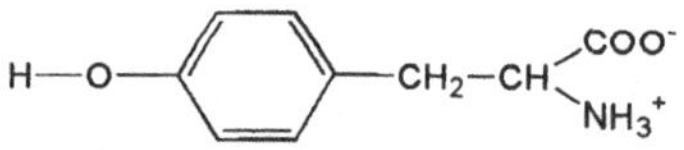 $H-O-$C$_6$H$_4$–CH_2–$CH(NH_3^+)COO^-$	SAUER NEUTRAL
CYSTEIN 121 / Cys	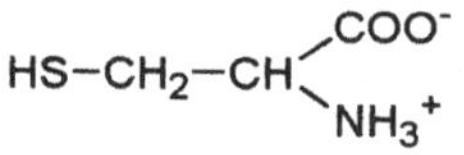 $HS-CH_2-CH(NH_3^+)COO^-$	NEUTRAL
METHIONIN 149 / Met	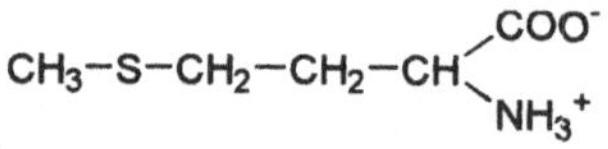 $CH_3-S-CH_2-CH_2-CH(NH_3^+)COO^-$	APOLAR HYDROPHOB
PHENYLALANIN 165 / Phe	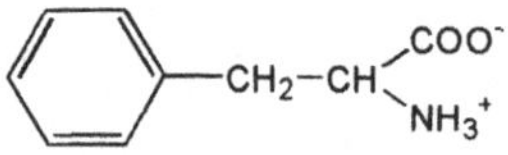 C$_6$H$_5$–CH_2–$CH(NH_3^+)COO^-$	APOLAR HYDROPHOB

Tab. 1.1: Zusammenfassung der Strukturformeln und polaren Eigenschaften von in der Photobiophysik relevanten Aminosäuren

Die elektronischen Eigenschaften von Proteinen werden im wesentlichen durch die Seitenkettenreste der Aminosäuren Tryptophan, Tyrosin und Phenylalanin (Tab. 1.1) bestimmt. Aus Abb. 1.2 wird ersichtlich, daß bei Vorhandensein von Tryptophan im Protein ausschließlich dessen Absorption beobachtet wird, da die molare Extinktion (vgl. Punkt 1.2.3) der beiden anderen Aminosäuren um Größenordnungen geringer ist. Aus diesem Grund nimmt die Erforschung der photophysikalischen Eigenschaften

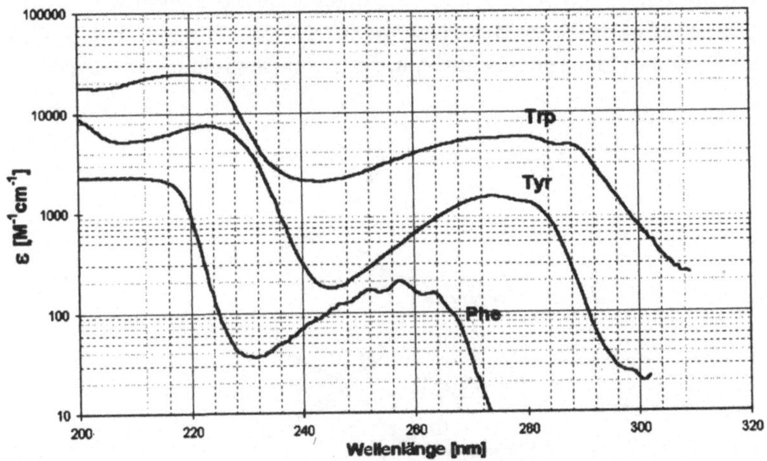

Abb.1.2: UV-Absorptionsspektren der Aminosäuren Tryptophan (Trp), Tyrosin (Tyr) und Phenylalanin (Phe)

von Tryptophan bzw. Tryptophanylresten in Proteinen einen breiten Raum in der Photobiophysik ein. Darüber hinaus sind Proteine optisch aktiv (links drehend) und ihre *Denaturierung* ist mit einer Änderung des Drehwinkels verbunden.

Charakteristisch für Biopolymere ist die Herausbildung von unterschiedlichen Strukturebenen, die durch verschiedene, kovalente und nichtkovalente Wechselwirkungen hervorgerufen werden [Ca 95].

Die **Primärstruktur** der Proteine wird durch die Aminosäuresequenz bestimmt, die eine Polykondensation von Aminosäuren über die Ausbildung von Peptidbindungen (Abb. 1.3) beinhaltet. Die Peptidbindung ist eine resonanzstabilisierte Struktur mit den Grenzwerten:

1.	$C = O$	$C - N^{2p}$	60%
2.	$C - O^{2p}$	$C = N$	40%

Resultat dieser Resonanzstruktur sind delokalisierte π-Elektronen, die über die Molekülorbitale (vgl. Kapitel 2) von O,C, und N verteilt sind. Dies ist möglich, da $C_{\alpha'}$ - CO - NH - C_{α} in einer Ebene liegen (Abb. 1.3). Somit existiert eine Rotationsfreiheit nur bei einfachen N - C_{α} Bindungen, die die beiden C_{α} - Atome in einer Ebene verbinden. Die beiden Torsionswinkel Φ (N - C_{α}) und Ψ (C_{α} - $C_{\alpha'}$) sind deshalb für eine vollständige Beschreibung der Sekundärstruktur der Polypeptidkette

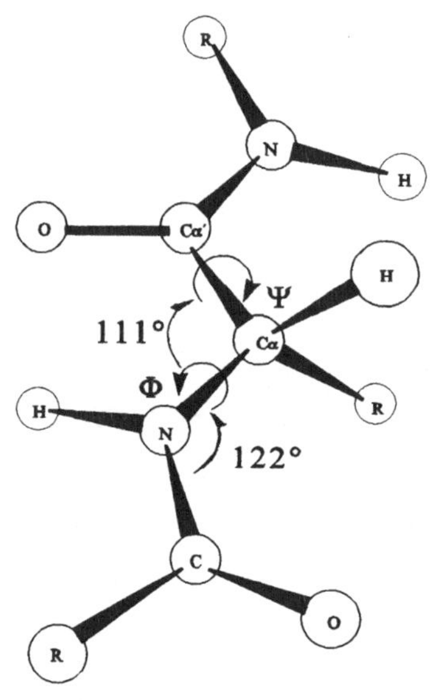

Abb. 1.3: Räumliche Darstellung einer Peptidbindung

völlig ausreichend. Eine Beschreibung der möglichen Winkel für Paare von Peptidbindungen können im jeweiligen *Ramachandran-Diagramm* [z.B. Ra 63] dargestellt und daraus orientierende Rückschlüsse auf die Sekundärstruktur des Proteins in diesem Bereich gezogen werden.
Die beiden Torsionswinkel Φ und Ψ bestimmen letztlich die **Sekundärstruktur** der Proteine, die durch Wasserstoffbrücken, van der Waals Wechselwirkungen oder

Proteine, die durch Wasserstoffbrücken, van der Waals Wechselwirkungen oder Salzbrücken stabilisiert wird. Den beiden Torsionswinkeln entsprechend werden im einfachsten Fall α-Helix-Struturen, aber auch parallele oder antiparallele β-Faltblattstrukturen oder β-Schleifen ausgebildet. Je nach der Aminosäuresequenz in unterschiedlichen Abschnitten des Proteins können Bereiche mit unterschiedlicher oder fehlender Sekundärstruktur aufeinanderfolgen.

Auf der dritten Ebene der Strukturbildung - **der Tertiärstruktur** - erfolgt die räumliche Strukturbildung (*Konformation*) des Proteins. Der Bildungsprozeß ist noch nicht vollständig verstanden, es ist aber bekannt, daß er spontan und nach einfachen physikalischen und chemischen Gesetzen verläuft. Verstärkend bei der Herausbildung der Tertiärstruktur wirken verschiedene Wechselwirkungsarten, insbesondere jedoch die hydrophobe Wechselwirkung (vgl. Punkt 1.1.5). Diese führt zu einem "Zusammenklumpen" der hydrophoben Seitenketten im Innern des Proteins, so daß vor allem hydrophile Seitenketten nach außen - also zum Wasser gerichtet sind. Diese Orientierung ist für das Molekül außerordentlich effizient und mit einem Energiegewinn von ca. 17kJ/mol verbunden.

Die Entstehung eines *globulären* oder *fibrilären Proteins* wird durch die Aminosäuresequenz bestimmt. In fibrilären Proteinen sind die Wasserstoffbrücken parallel zur Längsachse ausgerichtet und sie weisen ein Achsenverhältnis von 10:1 auf. Als Resultat entstehen flexible, elastische Fasern. Das bekannteste Protein dieser Art ist sicher das Keratin, das z.B. wesentlich die Eigenschaften unserer Haare mitbestimmt. Globuläre Proteine dagegen haben ein Achsenverhältnis von ca. 4:1. Alle löslichen Proteine besitzen einen mehr oder weniger stark ausgeprägten globulären Charakter. Zu ihnen zählen Transportproteine, Enzyme, Immunglobuline und Hormone.

Die Komposition von solch kleineren Subeinheiten zu größeren Strukturen (z.B. Hämoglobin, Fettsäuresynthetasen, Tabak-Mosaik-Virus) faßt man unter dem Begriff der **Quartärstruktur** zusammen. Diese Strukturebene ist von besonderer biologischer Bedeutung, da sie eine unabhängige Biosynthese kleinerer Polykondensate und damit die Verringerung von fehlerhaften Replikationen ermöglicht. Weiterhin können einzelne Untereinheiten (z.B. Coenzyme bei verschiedenen Enzymen) mehrfach verwendet werden. Damit wird eine höhere funktionelle Zuverlässigkeit und eine Erweiterung der Evolutionsmöglichkeiten erreicht.

1.1.2 Nukleinsäuren

Nukleinsäuren stellen den zweiten Typ von Biopolymeren dar. Die **Primärstruktur**
wird hier durch die Sequenz von *Nukleotiden* bestimmt. Nukleotide bestehen jeweils
aus einem Phosphat, einem Zuckerrest und einem Purin oder einer Pyrimidinbase
(Abb. 1.4). Die RNS enthält als Zuckerrest ausschließlich Ribose und die
Pyrimidinbasen Uracil (U) und Cytosin (C) sowie die Purinbasen Guanin (G)

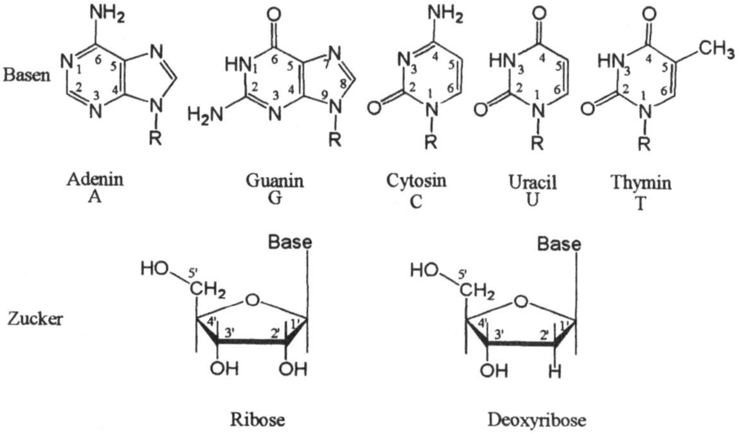

Abb. 1.4.: Bausteine der Nukleinsäuren

und Adenin (A). In der DNS ist als Zuckerrest ausschließlich 2′-Desoxyribose
enthalten und bildet zusammen mit den vier Basen Adenin, Thymin, Cytosin und
Guanin die Vielfalt nahezu aller bekannten DNS-Moleküle. Das Rückgrat der
Polymere besteht aus alternierenden Zuckern und Phosphodiestern, an denen die
Basen "angehängt" sind. So gut wie alle RNS-Moleküle enthalten nur einen
kovalenten Polynukleotid-Strang, während die DNS in der Regel zwei Einzelstränge
der gleichen Länge mit komplementärer Sequenz enthält. Die beiden Einzelstränge
sind über die nichtkovalente Wechselwirkung zwischen den komplementären Basen
A ↔ T (oder A ↔ U) und G ↔ C (Watson-Crick-Basen-Paare) miteinander verbunden.
Sie ist die Voraussetzung für die Herausbildung der **Sekundärstruktur** der DNS. Im
Resultat entsteht eine Doppelstrang-Helix, bei der die Basen nach innen und die
Phosphatreste nach außen gerichtet sind (Abb. 1.5). Daneben existieren eine Reihe

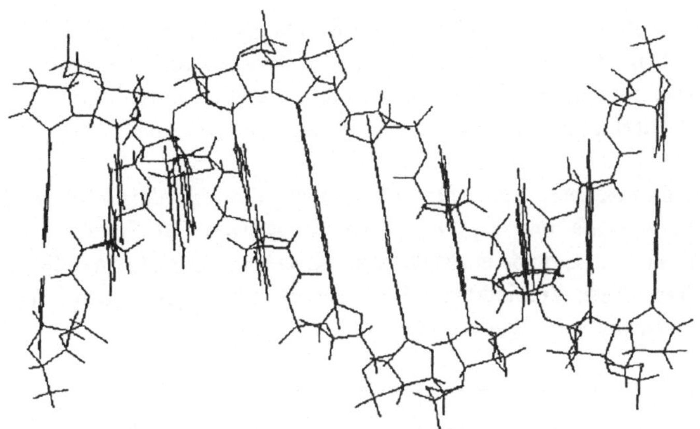

Abb. 1.5: Schematische Darstellung einer DNS - Doppelhelix - Struktur

von Doppel-Helices, die keine Watson-Crick-Basen-Paarung enthalten. Ebenso sind Tripel-Helices bekannt [Ca 95]. Obwohl auch für Nukleinsäuren generell eine **Tertiärstruktur** vermutet wird, konnte sie bisher jedoch nur vereinzelt, wie z.B. für die Hefe - Phenylalanin-tRNS [Qu 76] nachgewiesen werden. Ein neues Strukturelement auf dieser Ebene ist die Bildung einer Vielzahl von Wasserstoffbrückenbindungen zwischen den Basen und dem Phosphodiester-Rückgrat sowie den Basen und den 2'-OH Gruppen der Ribose. Offensichtlich spielen diese Bindungen eine wesentliche Rolle für die Stabilisierung der Tertiärstruktur. Aus dieser Beobachtung läßt sich auch vermuten, weshalb in der Natur beide Molekülarten - RNS und DNS anzutreffen sind. Einerseits ist das Rückgrat der DNS chemisch wesentlich stabiler als das der RNS, andererseits kann offensichtlich wegen des Fehlens von 2'-OH Gruppen keine Tertiärstruktur von der Art der RNS ausgebildet werden. Obwohl keine detaillierten Informationen zur Herausbildung der Tertiärstruktur der DNS vorliegen, ist bekannt, daß sie in Zellen und Viren in sehr kompakten Strukturen vorliegt [Ca 95], was die Existenz einer Tertiärstruktur nahelegt.

Für die Existenz einer **Quartärstruktur** gibt es lediglich einige Beispiele in reinen Nukleinsäuresystemen. Nachgewiesen wurde sie z.B. für die Tumor-Virus-RNS, die aus zwei identischen Untereinheiten besteht [Be 76].

1.1.3 Lipide

Als *Fette* bezeichnet man einfache Lipide, die aus einem Ester von Fettsäuren mit Glyzerin bestehen. Dazu zählen z.B. Neutralfette (Reservestoffe, Speisefette). Ester von Fettsäuren mit einem Alkohol hingegen bezeichnet man als *Wachse*. Sie haben vor allem Schutzfunktionen (z.B. die Wachsschicht des Apfels) gegenüber der Umwelt.

Wesentlich interessanter sind für uns jedoch die für den Membranaufbau bedeutsamen *Steroide* und *Lipoide*. Steroide besitzen ein Steranskelett (z.B. Cholesterin), während Lipoide entweder einen Glyzerinester oder einen Sphingosinester enthalten. Diese Verbindungen bestehen aus einer polaren Kopfgruppe und apolaren Kohlenwasserstoffketten (Abb. 1.6).

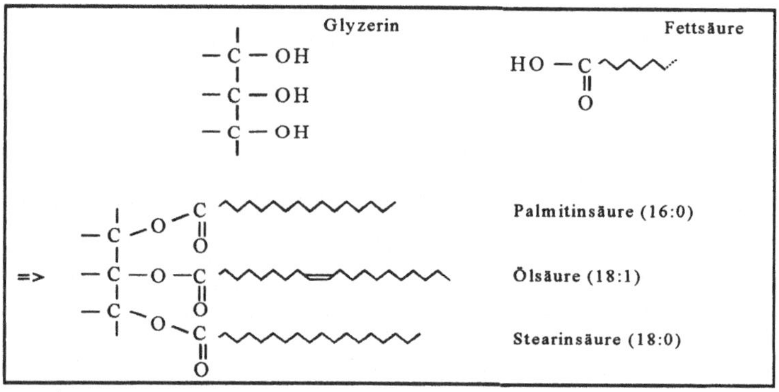

Abb. 1.6: Lipoidstruktur

Diese *amphiphilen Moleküle* bilden in wässriger Umgebung spontan *Liposomen* (Abb. 1.7) oder verschiedene Mono- oder Bilayer bis hin zu flüssigkristallinen Strukturen. Der Charakter und die Effizienz des Prozesses sind von der Konzentration und der Temperatur abhängig. Diese Eigenschaft der Steroide und Lipide trug wesentlich dazu bei, biologische Membranen in bestimmten Temperaturbereichen als flüssigkristallines System zu beschreiben, das im wesentlichen aus einer bimolekularen Schicht von Phospholipiden und verschiedenen globulären Membranproteinen gebildet wird.

In der biophysikalischen Forschung finden natürliche amphiphile Moleküle wegen ihrer spontanen Strukturbildung in Wasser eine vielfältige Anwendung [Ta 82, Ka

87]. Liposomen in verschiedenster Zusammensetzung, wie z.B. mit einem bestimmten Gehalt an Proteinen oder Cholesterol [Gr 87], werden als Modellmembranen genutzt, um Teilaspekte der biophysikalischen Untersuchung von Biomembranen wie z.B. die Frage nach der Einlagerung von Farbstoffen in die Membran [Gr 89] oder deren Photostabilität in dieser mikroheterogenen Umgebung zu untersuchen (vgl. Kapitel 6).

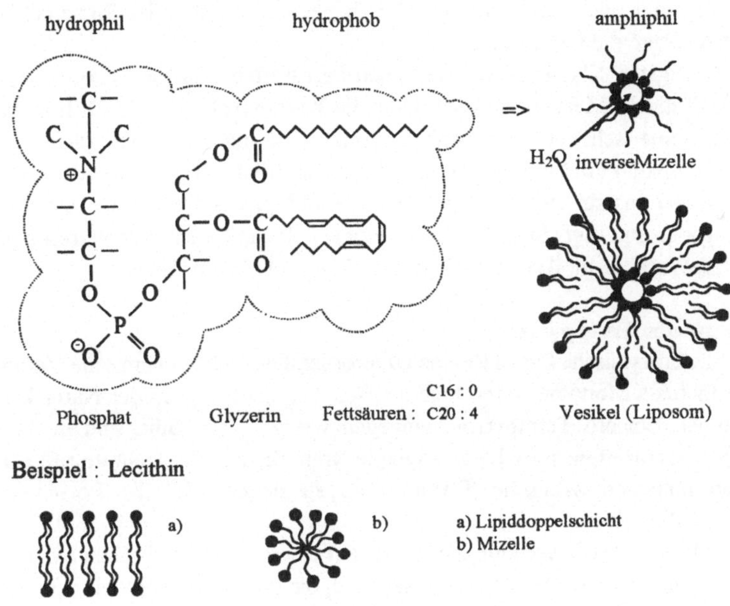

Abb. 1.7: Unterschiedliche Strukturbildungen amphiphiler Moleküle in Wasser

Einkettige Detergenzien wie z. B. Triton werden zur Mizellenbildung [Na 86] verwendet, um z.B. wasserunlösliche Substanzen in ein wässriges Milieu einbringen zu können oder den Einfluß einer hydrophoben Umgebung auf die Eigenschaften der eingebetteten Moleküle zu untersuchen.

1.1.4   Tetrapyrrole

Farbstoffe und Pigmente spielen in der belebten Natur eine wesentliche Rolle bei wichtigen physiologischen (z.B. Sehprozeß) und Stoffwechselprozessen. Besonders detailliert wurde die Rolle von Chlorophyllen und anderen Farbstoffen in der Photosynthese (vgl. Kapitel 4) oder die Rolle des Hämoglobins beim Transport von Sauerstoff untersucht. Daneben erfüllen Farbstoffe und Pigmente Schutzfunktionen (z.B. Melanin oder Carotenoide) oder dienen einfach nur der Signalgebung des Organismus an die Umgebung.

Die wichtigsten Klassen von natürlichen Farbstoffen sind die Carotine, Chinone, Flavine, Retinale, Melanine und vor allem die Tetrapyrrole. Von G. Britton wurde in [Br 83] eine sehr übersichtliche Zusammenfassung zur chemischen Struktur, Biosynthese und Funktion der verschiedenen natürlichen Pigmente gegeben.

Im Rahmen unserer Betrachtungen zur *Photo*biophysik wollen wir uns nun etwas eingehender mit der Struktur der Tetrapyrrole und den daraus resultierenden Besonderheiten bzgl. ihrer elektronischen Eigenschaften befassen.

Struktur der Tetrapyrrole

Das N-heterozyklische Pyrrol ist eine außerordentlich stabile chemische Verbindung, die jedoch als Monomer oder auch als Di- oder Tri-Pyrrol in der Natur kaum zu finden ist. Lineare Tetrapyrrole hingegen wie z.B. das Bilin sind in der Natur häufiger anzutreffen. Eine herausragende Rolle für eine Vielzahl von Organismen spielen hingegen zyklische Tetrapyrrole, zu denen z.B. die Porphyrine und Chlorophylle zählen.

Die Struktur dieser Verbindungen basiert auf einem makrozyklischen System - dem *Porphin*, das aus vier Pyrrolen gebildet wird, die durch Methinbrücken miteinander verbunden sind (Abb. 1.8). Nach der von Fischer [Fi 40] eingeführten Nomenklatur werden die Pyrrolringe mit römischen Ziffern und die *meso*-Kohlenstoffatome der sie verbindenden Methinbrücken mit griechischen Buchstaben gekennzeichnet. Die peripheren Kohlenstoffatome des Pyrrol-Ringsystems werden von 1 - 8 numeriert. An diesen verschiedenen Positionen können unterschiedlichste Substituenten angeknüpft werden, die letztlich die spezifischen Eigenschaften der jeweiligen Verbindung bestimmen.

Wegen der weltweit sehr ausgedehnten Untersuchungen an Tetrapyrrolen hat die IUPAC [IU 87] eine einheitliche Nomenklatur vorgeschlagen, in der alle zum Porphyrinring gehörenden Atome von 1-24 numeriert werden. Es werden vier Arten von Atomen unterschieden: die α - Kohlenstoffatome (C_α: 1,4,9,11,14,16,19), die

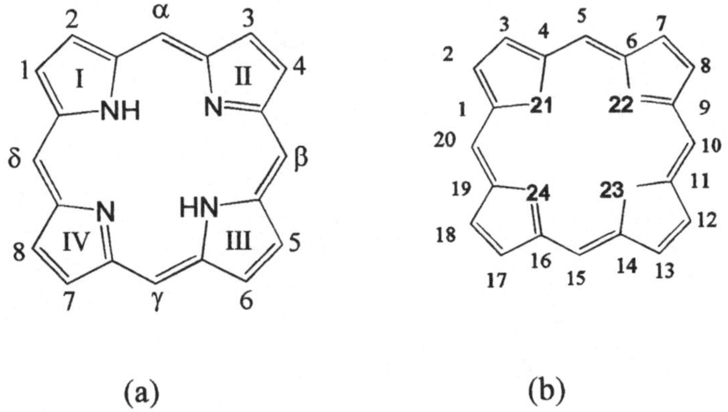

Abb. 1.8: Grundstruktur der Porphyrine (Porphin) dargestellt in der Fischer - (a)
und der IUPAC- (b) - Nomenklatur

β - Kohlenstoffatome (C_β: 2,3,7,8,12,13,17,18), die Kohlenstoffatome der Methinbrücken (*meso*-Positionen C_m: 5,10,15,20) und die vier Stickstoffatome der Pyrrolringe (N: 21-24). Obwohl der IUPAC-Nomenklatur weitgehend gefolgt wird, ist auch die Fischer-Nomenklatur nach wie vor im Gebrauch und soll im weiteren auch in diesem Buch verwendet werden.

Das makrozyklische π-Elektronensystem des Porphins ist planar. In Abhängigkeit vom Zentralatom, den Substituenten oder Axialliganden können die Atome des Grundgerüstes aber aus der Ebene, die die Stickstoffatome bilden, ausgelenkt werden.

Dies ist insbesondere in Enzymen der Fall, in denen die Tetrapyrrole in den prostetischen Gruppen durch nichtkovalente Wechselwirkungen mit den umgebenden Proteinstrukturen verbogen werden. Interessanterweise ist diese Verbiegung bestimmend für die Effizienz der enzymatischen Wirkung (vgl. Kapitel 4).

Porphyrine
Die bekanntesten Vertreter dieser Gruppe sind sicher die Porphyrine des Hämoglobins und des Myoglobins, die als Zentralatom Eisen enthalten und als *Häm* bezeichnet werden. Das Hämoglobin enthält als prostetische Gruppe das *Protohäm*, das nichts anderes als ein Eisen-chelatiertes Protoporphyrin IX -Molekül ist (Abb.1.9). Ebenso enthalten die Enzyme der Atmungskette (Cytochrome)

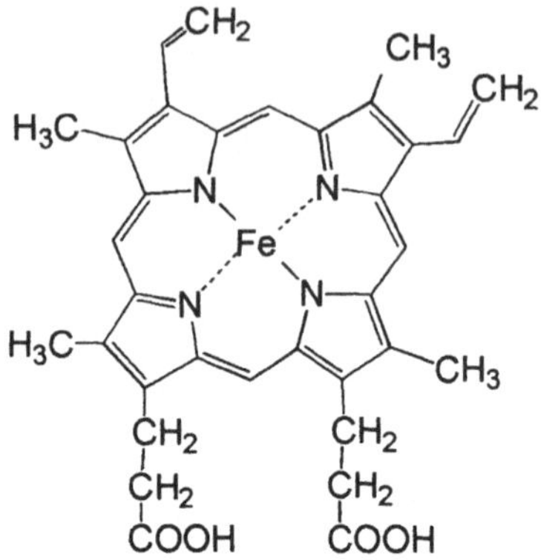

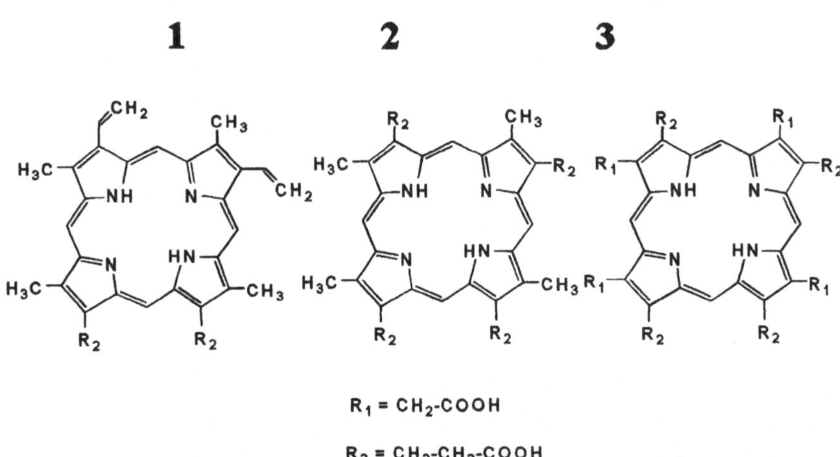

Abb. 1.9: Chemische Struktur des Protohäm IX

Porphyrine als prostetische Gruppen. So ist die prostetische Gruppe von Enzymen des Cytochrom b - Typs, zu dem auch das Cytochrom P_{450} zählt, ein Protohäm wie beim Hämoglobin. Unterschiedliche Substitutionen an Position 2 und 8 ergeben dann eine Variation der prostetischen Gruppen unterschiedlicher Cytochrome [Br 83].

1 **2** **3**

$R_1 = CH_2\text{-}COOH$

$R_2 = CH_2\text{-}CH_2\text{-}COOH$

Abb. 1.10: Struktur biologisch relevanter Porphyrine: 1-Protoporphyrin,
2 - Coproporphyrin III, 3- Uroporphyrin III

Daneben entstehen im Verlauf des Stoffwechsels eine Reihe von freien Porphyrinen im Organismus wie z.B. das Protoporphyrin, das Uroporphyrin oder das Coproporphyrin (Abb. 1.10).

Eine besondere Bedeutung kommt dem Vitamin B_{12} (Cyanokobalamin) im Organismus des Menschen und von Säugetieren zu [Ka 95]. Es besteht aus einem zyklischen Tetrapyrrol mit einem Cobalt-Kation in zentraler Position. Das Grundgerüst des Vitamin B_{12} ist nicht das übliche Porphyrin sondern ein *Chorrin*, in dem die δ - Methinbrücke fehlt, weshalb die Ringe I und IV direkt kovalent verknüpft sind.

Chlorophylle
Diese Verbindungen sind für autotrophe Organismen von ebenso großer Bedeutung wie die Porphyrine für die heterotrophen Organismen. Ohne diese Tetrapyrrole wäre die Photosynthese unmöglich und damit auch die elektromagnetische Strahlung als Energiequelle für das Leben auf der Erde weitgehend nicht nutzbar. Die Grundstruktur dieser Verbindungen bildet das *Phorbin*, das sich vom Porphin durch einen zusätzlichen isozyklischen Ring (V) am Pyrrolring III unterscheidet. Aus der Natur sind die unterschiedlichsten Chlorophylle und Bacteriochlorophylle bekannt,

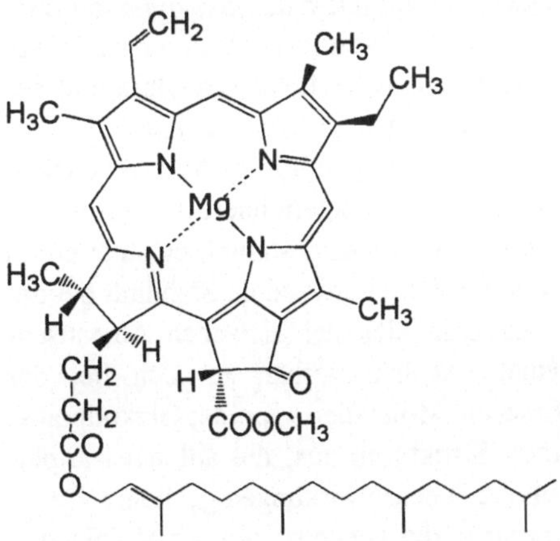

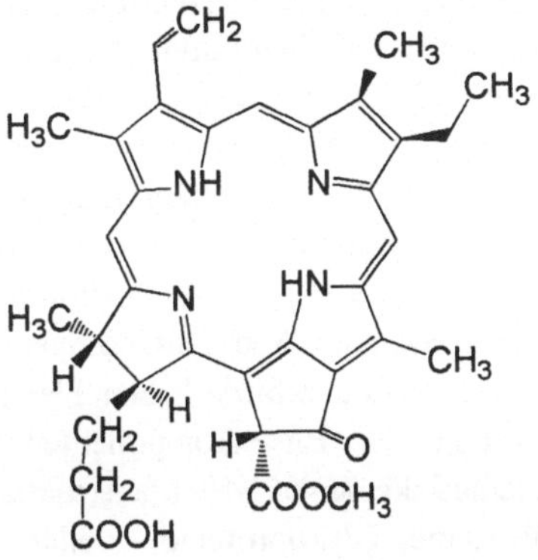

Abb. 1.11: Strukturformeln von Chlorophyll a (links) sowie von Phäophorbid a (rechts)

die bei verschiedenen Organismen vorkommen bzw. unterschiedliche Rollen in der Photosynthese spielen [Ve 66]. Sie unterscheiden sich strukturell durch ihre Substituenten am Ringsystem.

Allen Chlorophyllen gemeinsam ist die makrozyklische Grundstruktur, das Zentralatom Magnesium sowie ein Phytylrest in Position 7 (Abb. 1.11). Neben dem Chlorophyll ist das Phäophytin a an der Photosynthese beteiligt, das sich vom Chlorophyll a durch das Fehlen des Zentralatoms unterscheidet. Als Abbauprodukt entsteht das Phäophorbid a (Abb. 1.11). Wegen seiner relativ großen Stabilität und guten Handhabbarkeit wird es gern als Modellverbindung zur Untersuchung von Energie- und Elektronentransfer-Prozessen (z.B. als Modell für das "special pair" in der Photosynthese) benutzt. Darüberhinaus ist es als Photosensibilisator für die Photodynamische Therapie (PDT) von Hauterkrankungen und Tumoren (vgl. Kapitel 5) von besonderem Interesse.

1.1.5 Der hydrophobe Effekt und die Bildung räumlicher Strukturen biologisch relevanter Moleküle

Wie bereits erwähnt, ist die Ausbildung einer räumlichen Struktur sowohl bei Proteinen wie auch bei Nukleinsäuren ein spontan verlaufender Prozeß. Aber auch Lipoide bilden aufgrund ihres amphililen Charakters in Wasser spontan räumliche Strukturen aus (vgl. Kapitel 1.1.1, 1.1.2, 1.1.3). Neben anderen, die Strukturbildung stimulierenden und stabilisierenden Prozessen, hat vor allem der *hydrophobe Effekt* einen wesentlichen Einfluß auf die Selbstorganisation von Biomolekülen. Er ist ein Ergebnis des Strebens der Biopolymere nach minimaler freier Enthalpie und der Tendenz des Wassers, den Zustand maximaler Entropie zu erreichen [Ca 95].

Proteine und Nukleinsäuren als informationstragende biologische Makromoleküle sind in ihrem Grundgerüst durch kovalente Bindungen determiniert. Die räumliche Struktur hingegen, die die Funktionsfähigkeit des Moleküls bestimmt, entsteht durch nichtkovalente Wechselwirkungen. Dadurch wird die notwendige Stabilität bei der zur Funktion erforderlichen Flexibilität, einschließlich der einfachen Austauschbarkeit der Einzelkomponenten, errreicht. Ähnlich verhält es sich bei der Herausbildung von Membranstrukturen. Einzelne Moleküle - Lipoide, Glykolipoide, Proteine, Glykoproteine - bilden spontan Strukturen aus, die auf einer Lipid-Doppelschicht basieren, die durch hydrophobe Wechselwirkungen gebildet wird.

Als *hydrophobe Wechselwirkung* bezeichnet man die Tendenz apolarer Moleküle in Wasser zu assoziieren. Amphiphile Moleküle werden in Form von Mizellen dispergiert. Apolare Verbindungen (z.B. Kohlenwasserstoffe) sind dagegen nicht oder nur begrenzt in Wasser löslich. Phänomenologisch kann die hydrophobe

Wechselwirkung folgendermaßen erklärt werden. Bringt man ein apolares Teilchen in Wasser, so verdrängt es ein Wassermolekül aus der Wechselwirkung mit anderen Wassermolekülen, d.h. es wird Energie verbraucht (ΔH ist positiv). Durch die Herausbildung einer eisartigen Struktur des Wassers um ein solches apolares Teilchen wird ein höherer Ordnungsgrad erreicht und damit nimmt die Entropie ab. Werden nun zwei Moleküle in Wasser eingebracht, so ist für diesen Prozeß infolge der hydrophoben Wechselwirkung zwischen den beiden Molekülen (Zusammenlagerung) weniger Energie erforderlich, als wenn beide Moleküle einzeln eingebracht würden, da weniger Wasserstoffbrücken zwischen den Wassermolekülen gelöst werden müssen. Das bedeutet, daß die Assoziation apolarer Moleküle dem 2. Hauptsatz der Thermodynamik folgt: $\Delta G = \Delta H - T\Delta S$, wobei G die Enthalpie, H den Wärmeinhalt und S die Entropie darstellen. Es wird deutlich, daß der Prozeß dann spontan abläuft, wenn ΔG negativ ist. Diese Bedingung ist jedoch nur erfüllt, wenn ΔS stark positiv ist, d.h. wenn die Entropie zunimmt. ΔH ist bei der Herausbildung supramolekularer Systeme im allgemeinen sehr klein. Somit können wir zusammenfassen: Die Bildung supramolekularer Strukturen auf der Basis hydrophober Wechselwirkungen ist entropiegetrieben.

Die räumliche Struktur der Biopolymere und biologischen Membranen ist bestimmend für ihre Funktionsfähigkeit. Besonders eindrucksvoll kann dies am Beispiel von Enzymen demonstriert werden, bei denen eine Veränderung (Mutation) der Aminosäuresequenz in der Nähe der prostetischen Gruppe und damit einer sterischen Änderung ihrer Umgebung die Effizienz der enzymatischen Wirkung drastisch verändern kann [Th 91]. Ebenso wichtig ist die Strukturierung der Proteinumgebung für den Photosyntheseapparat (vgl. Kapitel 4, 6). Die räumlich korrekte Einlagerung der photoaktiven Moleküle ist Voraussetzung für die richtige Plazierung und Orientierung dieser Moleküle untereinander, die entscheidend für die Effizienz des Elektronentransfers sind. In beiden Fällen wird durch die Existenz der supramolekularen Proteinstrukturen die "richtige" Position der aktiven Moleküle durch *nicht*kovalente Wechselwirkungen zwischen Matrix und Einzelmolekül erreicht. Diese Erkenntnis ist von grundsätzlicher Bedeutung für die Entwicklung effizienter biomimetischer Systeme, wie z.B. von Biosensoren, Arzneimitteln oder der Verwirklichung der künstlichen Photosynthese.

1.2   Photophysikalische Grundlagen

In der Photobiophysik wird die Wechselwirkung von Licht mit Biomolekülen (z.B. Proteine, Lipide) bzw. biologisch relevanten Molekülen (z.B. Porphyrine, Chlorophylle, Flavine) untersucht. Deshalb ist es zunächst einmal wichtig, daß wir uns mit der Erscheinung "Licht" und den Besonderheiten bei der Betrachtung von Molekülen auseinandersetzen.
Entsprechend dem Welle-Teilchen-Dualismus kann Licht sowohl als Welle wie auch als Teilchenstrom aufgefaßt werden. Nach der klassischen Maxwellschen Wellentheorie können wir deshalb das Licht als elektromagnetische Welle beschreiben, die sich mit der Phasengeschwindigkeit (c) ausbreitet:

$$c = \nu \cdot \lambda \tag{1.1}$$

Dabei charakterisieren ν als Frequenz die zeitliche und λ als Wellenlänge die räumliche Periodizität der Oszillationen des elektromagnetischen Feldes. Wenn die Wechselwirkung mit Molekülen untersucht und beschrieben werden soll, wird jedoch meist die Darstellung des Lichtes als Korpuskularstrahlung, bestehend aus Quanten mit der Energie (E):

$$E = h \cdot \nu \tag{1.2}$$

gewählt (h ... Plancksches Wirkungsquantum).
Neben der Charakterisierung des Lichtes ist die Kenntnis des Energiegehaltes von Molekülen erforderlich. Im Gegensatz zu Atomen, bei denen die Bewegung von Elektronen im Feld des Atomkerns und ihre gegenseitige Wechselwirkung zu berücksichtigen sind, wird die energetische Behandlung von Molekülen wesentlich komplizierter, da jedes Elektron dem Coulomb-Feld mehrerer Kerne ausgesetzt ist. Aus der Überlegung, daß die Frequenzen der Schwingungs- und Rotationsbewegungen der Kerne wesentlich geringer als die der Elektronen sind (vgl. Kapitel 2), kann man die Gesamtenergie eines Moleküls (mit der Störungstheorie erster Ordnung) in einem bestimmten Zustand als Summe aus den drei folgenden Anteilen: der elektronischen Energie (E_{el}), der Schwingungsenergie (E_{Schw}) und der Rotationsenergie (E_{rot}), beschreiben:

$$E_G = E_{el} + E_{Schw} + E_{rot} \hspace{2cm} (1.3)$$

Die elektronische Energie der Moleküle beträgt in der Regel zwischen (1-5)eV, die Schwingungsenergie der Kerne im Potentialfeld der Elektronen bewegt sich im Bereich von 10^{-1} eV und die Rotationsenergie liegt bei 10^{-3} eV.

Für die Photobiophysik ist das Energieintervall zwischen einem und zehn Elektronenvolt von Interesse. Die obere Grenze ist durch die Ionisierungsenergie gegeben, die für die meisten organischen Moleküle im Bereich um 10eV liegt.

Bevor wir im zweiten Kapitel die einzelnen Prozesse, die nach Lichtabsorption im Molekül ablaufen, etwas detaillierter betrachten werden, soll an dieser Stelle zum besseren Verständnis der folgenden Ausführungen bereits eine Einführung in grundlegende Begriffe und Gesetzmäßigkeiten der Photophysik erfolgen.

1.2.1 Photophysikalische und photochemische Gesetze

Die Wechselwirkung von Licht mit Materie beschäftigt die Menschen schon seit vielen Jahrhunderten. So ist es nicht verwunderlich, daß teilweise bereits im 17. Jahrhundert, basierend auf phänomenologischen Betrachtungen und empirischen Erfahrungen, erste Gesetze zur Beschreibung dieser Wechselwirkung formuliert wurden, die im Rahmen der "klassischen" linearen Optik (Ein-Photonen-Absorptionsprozesse) auch heute noch neben später formulierten Gesetzen ihre Gültigkeit besitzen. Zusammengefaßt werden sie als die sechs grundlegenden Gesetze der Photophysik und Photochemie bezeichnet und lauten:

1. **Absorptionsgesetz von Th. Grotthus (1815) und J.Draper (1841)**
   Nur Strahlung, die von einem Molekül absorbiert wurde, kann
   bei der Erzeugung von Lumineszenz oder photochemischen
   Änderungen in diesem Molekül effektiv werden.

2. **Quantengesetz von J.Stark (1908) und A. Einstein (1912)**
   Jedes Molekül, das Lumineszenz emittiert oder chemisch durch
   Strahlung verändert wird, hat auch ein Strahlungsquant absorbiert.

3. **Reziprokes Gesetz von R.Bunsen und H.Roscoe (1859)**
   Die totale Anzahl von absorbierten Photonen und nicht deren
   Energiegehalt oder die Absorptionsrate bestimmen den Umfang
   eines photophysikalischen oder photochemischen Prozesses.

**4. Gesetz von der Verschiebung der Emissionsenergie von
Zanotti und F. Algarotti (1713)**
Das Maximum des Emissionsspektrums der Lumineszenz ist von
geringerer Energie als das der Anregungsstrahlung.

**5. Gesetz von der Invarianz des Lumineszenzspektrums
von N.Zucchi (1652)**
Das Lumineszenzspektrum ist invariant gegenüber Änderungen in der
Anregungsstrahlungsenergie.

**6. Gesetz von der Konstanz der Fluoreszenzquantenausbeute
von S.Vavilov (1922)**
Die Quantenausbeute der Fluoreszenz ist invariant gegenüber
Änderungen in der Anregungsstrahlungsenergie.

In den weiteren Ausführungen des Buches werden wir die weitgehende Gültigkeite
dieser empirisch gefundenen Gesetze bestätigt finden und auch mit den Kenntnissen
der modernen molekularen Photophysik begründen können.

1.2.2 Grundlegende photophysikalische Größen

Für die Beschreibung der Effizienz verschiedener, oft in Konkurrenz ablaufender
Prozesse nach Lichtabsorption durch die Moleküle nimmt der Begriff der
Quantenausbeute (Φ) eine zentrale Stellung ein. Als Quantenausbeute eines
Prozesses bezeichnet man das Verhältnis aus Anzahl der Umwandlungen (n_u) zur
Anzahl der absorbierten Photonen (n_P):

$$\Phi = \frac{n_u}{n_P} \tag{1.4}$$

Neben dem bei Einführung des Lambert-Beerschen Gesetzes (vgl. Kapitel 1.2.3)
näher erläuterten *Absorptionsspektrum*, das vor allem für die Strukturaufklärung von
Substanzen relevant ist, sowie dem *Fluoreszenz- und Phosphoreszenzspektrum* (vgl.
Kapitel 2 und 5) sind in der Photobiophysik das *Aktionsspektrum* und das

Anregungsspektrum von besonderer Bedeutung.

Anregungsspektrum: P. Lennard erkannte die Bedeutung der Variation der Anregungsenergie, um die chemische Natur der absorbierenden Spezies bzw. die Reinheit einer Probe zu bestimmen. Bei Aufnahme dieser Spektren wird bei Variation der Anregungswellenlänge die Emission bei einer bestimmten, fix gehaltenen, Wellenlänge aufgenommen. Bei geringen Konzentrationen einer Substanz, d.h. wenn die fraktionale Absorption des Lichtes gering ist, entspricht das Anregungsspektrum dem Absorptionsspektrum der untersuchten Substanz. Diese Methode wird auch häufig zur Kontrolle der *Photostabilität* von Verbindungen genutzt.

Aktionsspektrum (Wirkungsspektrum): Die Bedeutung des Aktionsspektrums in der Biophysik wurde von O. Warburg gefunden. Unter einem Aktionsspektrum versteht man die Darstellung eines bestimmten Merkmals der untersuchten Probe als Funktion von der Wellenlänge, Wellenzahl, Frequenz oder Photonenenergie des eingestrahlten Lichtes. Aktionsspektren werden z.B. genutzt, um Photonenwechselwirkungsquerschnitte sowie kinetische Wechselwirkungs-mechanismen von Pigmenten zu bestimmen. Diese Untersuchungen können der Aufkärung von Reaktionsketten in Photoreaktionen (z.B. in der Photomedizin) dienen. Mit anderen Worten, Ziel dieser Untersuchungen ist die Zuordnung eines Photoprozesses zu einer bestimmten Spezies. Voraussetzung zur Nutzung von Aktionsspektren ist die Gültigkeit des Stark-Einsteinschen Quantengesetzes (vgl. 1.2.1).

1.2.3 Das Lambert-Beersche Gesetz

Die Absorption von Licht ist die Voraussetzung für alle nachfolgenden photophysikalischen und photochemischen Prozesse. Sie wird im Absorptionsspektrum der Moleküle deutlich. Absorbierte Lichtintensität, energetische Lage und Breite der Absorptionsbanden sind dabei für die einzelnen Moleküle typisch. Deshalb können diese Informationen zur Strukturaufklärung von chemischen Verbindungen genutzt werden.

Da im Zusammenhang mit der Diskussion des Lambert-Beerschen Gesetzes zugleich eine Reihe von Begriffen eingeführt wird, die für das Verständnis der weiteren Ausführungen benötigt werden, erfolgt an dieser Stelle eine etwas ausführlichere Herleitung des Gesetzes sowie der relevanten Meßgrößen.

Das Lambert-Beersche Gesetz basiert auf dem allgemeinen Schwächungsgesetz für die Beschreibung der Wechselwirkung von Strahlung mit Materie. Bei der Nutzung

des Gesetzes muß beachtet werden, daß die folgenden Bedingungen erfüllt sind:
1. Die Anregung erfolgt mit monochromatischer Strahlung;
2. Es wird parallelisiertes Licht verwendet, d.h. die Absorption erfolgt in einem
   Volumen gleicher Absorptionsquerschnitte und
3. Die Absorption des Lichtes durch eine Art von Molekülen ist
   unabhängig von der anderer Spezies von Molekülen.

Betrachten wir nun ein Volumen mit n homogen verteilten absorbierenden Molekülen je Volumeneinheit. Das monochromatische parallelisierte Licht der Intensität I_0 treffe senkrecht auf die Probe (Abb. 1.12) mit der Querschnittsfläche A. In der Probe wird ein Teil des Lichtes absorbiert. Nach Durchlaufen der Schichtdicke ds habe es noch die Intensität:

$$I = I_0 - dI \qquad (1.5)$$

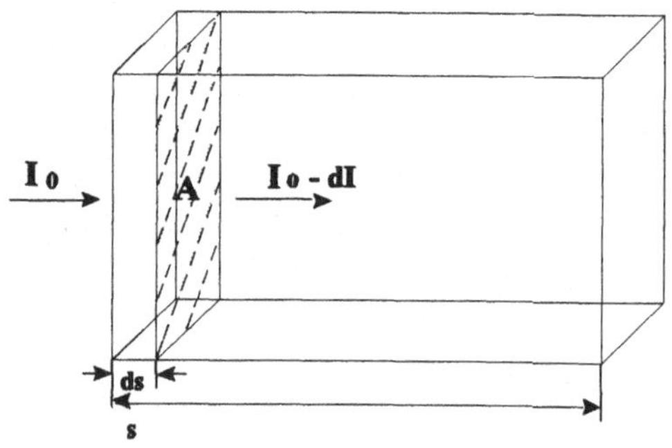

Abb. 1.12: Darstellung zum Lambert-Beerschen Gesetz (Erläuterungen im Text)

Dann ergibt sich die Änderung der Intensität zu:

$$-dI = \sigma \, n \, ds \, I \qquad (1.6)$$

σ bezeichnet den effektiven Absorptionsquerschnitt eines Moleküls und wird berechnet aus:

$$\sigma = a \cdot p \qquad (1.7)$$

wobei a die effektive Fläche darstellt, die zur Absorption eines Lichtquants präsentiert wird und p die Wahrscheinlichkeit der Absorption eines Photons durch das Molekül ist.

Die nach Durchlaufen des gesamten Weges s noch vorhandene Lichtintensität beträgt demnach:

$$I = I_0 \, e^{\,-(\sigma \cdot n \cdot s)} \qquad (1.8)$$

Das Produkt σns stellt die Absorption dar. In dieser Form ist das Schwächungsgesetz für optische Untersuchungen an Molekülen in Lösung nur schlecht handhabbar. Gebräuchlicher ist die folgende Formulierung:

$$I = I_0 \, 10^{\,-(\varepsilon \cdot c \cdot s)} \qquad (1.9)$$

in der c die Konzentration der Moleküle in [mol /l] und ε [$M^{-1} \cdot cm^{-1}$] der dekadische molare Extinktionskoeffizient sind. Die Größe

$$\log (I_0 / I) = \varepsilon \cdot c \cdot s \qquad (1.10)$$

stellt die *Optische Dichte (OD)* oder *Extinktion (E_λ)* dar.

Der molare Extinktionskoeffizient ist unabhängig von der Konzentration der Moleküle und der Schichtdicke der Probe, aber charakteristisch für jede Wellenlänge:

$$\varepsilon = f (\lambda) \qquad (1.11)$$

Unter Kenntnis des molaren Extinktionskoeffizienten und der Annahme einer effektiven Chromophorfläche, die das Licht absorbiert, kann der Absorptionsquerschnitt σ (λ) der Moleküle aus dem Absorptionsspektrum ermittelt werden:

$$\sigma \, [cm^2] = (\ln 10 / N_A) \cdot \varepsilon = 3{,}82 \cdot 10^{-21} \cdot \varepsilon \, [mol^{-1} \cdot l^{-1}] \qquad (1.12)$$

worin N_A die Avogadro-Konstante ist. Die Verwendung dieser Größe statt des molaren Extinktionskoeffizienten ist in der Photobiophysik weit verbreitet. Die Bedeutung von σ wird dann besonders deutlich, wenn - wie wir noch im Abschnitt 6.1.1 sehen werden - z.B. in wässrigem Milieu Aggregationsprozesse berücksichtigt werden müssen.

Absorptionsspektren von Molekülen bestehen aus Banden unterschiedlicher spektraler Breite. Da sich die Intensität der Absorption in einer Bande als Integral über die gesamte Bandbreite schreiben läßt, ergibt sich das *Bouguer-Lambert-Beersche Gesetz* für die Absorption in einer Bande endlicher Breite zu:

$$I = I_0 \cdot 10^{-c \cdot s \int_{\tilde{\nu}} \varepsilon(\tilde{\nu})\, d\tilde{\nu}} \tag{1.13}$$

mit dem integralen Extinktionskoeffizienten $\int \varepsilon(\tilde{\nu})\, d\tilde{\nu}$.

Neben der Absorption dient die Transmission ($T = I / I_0$) oft als Meßgröße, die sich aus dem Verhältnis der Transmission von Lösungsmittel und gelöstem Stoff (T_S) zur Transmission des Lösungsmittels (T_0) ergibt. In Zwei-Strahl-Absorptions-spektrometern werden diese beiden Daten parallel ermittelt. In der Regel dient in modernen optischen Spektrometern die *Transmissionsdichte* (*optische Dichte; Extinktion*), als Meßgröße:

$$OD = \log(T_0 / T_S) = \log 1/T = \varepsilon \cdot c \cdot s \tag{1.14}$$

Somit ergibt sich die Möglichkeit, bei Kenntnis der Konzentration der zu untersuchenden Substanz den molaren Extinktionskoeffizienten bei einer bestimmten Wellenlänge zu ermitteln, bzw. umgekehrt bei Kenntnis von ε die Konzentration der Moleküle in der Lösung zu bestimmen. In der Praxis ist die Anwendung dieses Gesetzes sehr hilfreich bei der Arbeit mit kleinen Probenmengen, da auf eine Bestimmung der Konzentration über eine Stoffeinwage verzichtet werden kann.

1.3   Das Molekülorbital-Modell (MO-Modell)

Zur Beschreibung der Vorgänge in Molekülen nach Lichtabsorption nutzt man - ähnlich den stationären elektronischen Orbitalen der Atome - das Modell der *Molekülorbitale*. Dieses Modell liefert in guter Näherung eine Vorstellung von allen möglichen Zuständen eines molekularen Systems. Dabei ergeben sich die Molekülorbitalfunktionen (Ψ_n) als Lösung der zeitunabhängigen Schrödinger-Gleichung:

$$(\mathcal{H} - E)\, \Psi = 0 \tag{1.15}$$

Da bekanntlich für mehr als zwei Wechselwirkungen keine exakte Lösung der Gleichung angegeben werden kann, werden bestimmte Wechselwirkungen im Hamiltonoperator ($\mathcal{H}$) vernachlässigt [Ha 94]. Mit dem resultierenden Operator werden dann genäherte Lösungen für das jeweilige "Modellsystem" erhalten. In der Regel werden in der organischen Chemie MO-Modelle genutzt, bei denen die Wellenfunktion eines Elektrons, das sich im Feld des Kerns und der anderen Elektronen des Moleküls bewegt, betrachtet wird [Ha 94]. Die Energie und die räumliche Verteilung von Molekülorbitalen sind nicht beobachtbar und unikal, aber sie korrelieren - wie wir noch sehen werden - recht gut mit einigen physikalischen und chemischen Eigenschaften der Moleküle.

Zur besseren Handhabbarkeit des MO-Modells werden die Molekülorbitale in der Regel klassifiziert, was nach unterschiedlichen Gesichtspunkten geschehen kann.

1.3.1 Klassifizierung von Molekülorbitalen

Eine Möglichkeit der Klassifizierung besteht in der Ordnung der Molekülorbitale nach ihrer *relativen Stabilität* (Abb. 1.13). Als Kriterium wird ein Energiereferenzbetrag α eingeführt, der die besetzten von den freien Molekülorbitalen trennt. Molekülorbitale mit Energien $\varepsilon < \alpha$ tragen zur Stabilisierung des Moleküls bei und werden deshalb als *bindend* bezeichnet. Demgegenüber wirken Orbitale mit $\varepsilon > \alpha$ destabilisierend und werden als *antibindend* bezeichnet. Einen Sonderfall stellen die *indifferenten* (oder *nichtbindenden*) Molekülorbitale dar. Sie tragen nicht zur Bindung bei und haben in der Regel den Charakter von Atomorbitalen. Als Beispiel wäre ein einsames Elektronenpaar an einem Heteroatom anzuführen.

Bei der Diskussion von chemischen, photochemischen und photophysikalischen Prozessen ist es oft ausreichend, lediglich die höchsten besetzten (*HOMO*: Highest Occupied Molecular Orbital) und energetisch niedrigsten unbesetzten (*LEMO*: Lowest Empty Molecular Orbital) Molekülorbitale zu berücksichtigen. Wesentlich für die Charakterisierung der Molekülorbitale ist außerdem die Anordnung der Elektronen bzgl. ihrer Spinquantenzahl. Zustände, die durch Molekülorbitale mit der resultierenden Spinquantenzahl $S = 0$ beschrieben werden können, werden entsprechend ihrer Multiplizität ($M = 2S+1$) als Singulettzustände und solche mit $S = 1$ als Triplettzustände bezeichnet. Im weiteren werden wir sehen, daß die Multiplizität von entscheidender Bedeutung für die elektronischen Eigenschaften der Moleküle in den jeweiligen Zuständen ist.

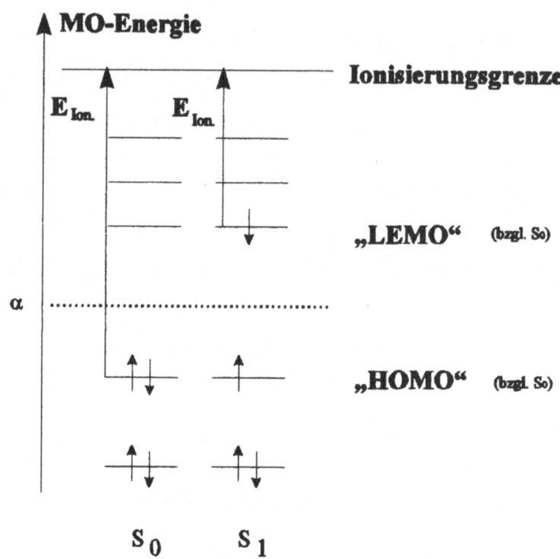

Abb. 1.13: Darstellung von Molekülorbitalen hinsichtlich ihrer Stabilität
(Erläuterungen im Text)

Als weiterer Ordnungsparameter kann die *Symmetrie* der Wellenfunktionen
eingeführt werden. So sind σ - Molekülorbitale rotationssymmetrisch bzgl. der
Bindungslinie, während π - Orbitale eine Knotenebene besitzen, die durch die
Atomschwerpunkte verläuft. Eine Sonderstellung nehmen die n-Orbitale (n:
nichtbindend) ein, die sowohl σ - als auch π - Orbitale sein können. Nach
Lichtabsorption (elektronischer Anregung) werden dann entsprechend σ^*- oder
π^*-Orbitale besetzt.
Eine Illustration der Begriffe zur Charakterisierung der Bindungstypen soll kurz
anhand der *Carbonylgruppe* gegeben werden. In Abb.1.14 sind die an der
Herausbildung der Doppelbindung zwischen Kohlenstoff- und Sauerstoffatom
beteiligten Atomorbitale sowie die Molekülorbitale der Carbonylgruppe grafisch
und in einem Energieschema dargestellt. An der Wechselwirkung zur
Herausbildung der Doppelbindung sind beide Atome mit jeweils einem einfach
besetzten $2p_z$-Orbital beteiligt. Im Resultat kommt es zur Herausbildung eines
gemeinsamen "bindenden" Molekülorbitals (π-Orbital), welches energetisch
deutlich gegenüber den Atomorbitalen abgesenkt ist. Die energetische Lage der

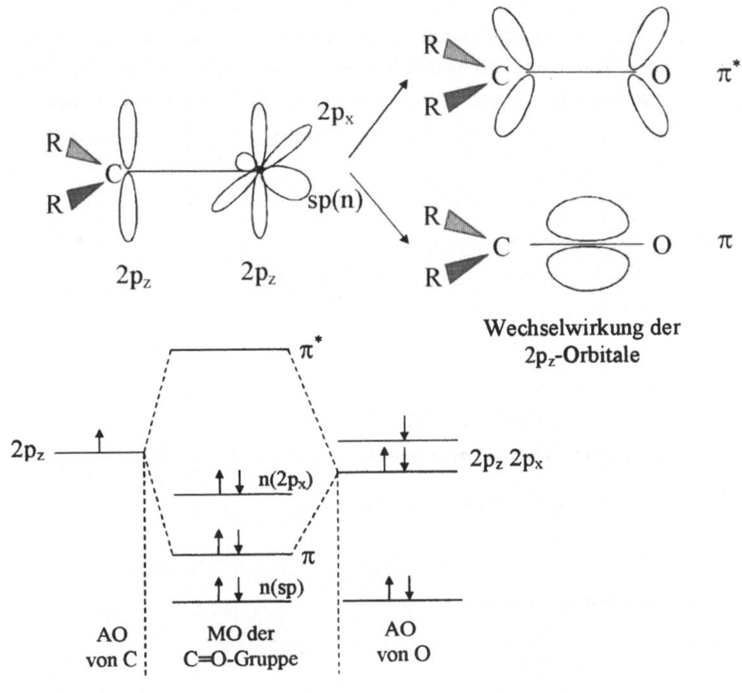

Abb. 1.14: Herausbildung der π-Bindung in der Carbonylgruppe
(AO: Atomorbital; MO: Molekülorbital)

nicht an der Formierung der Bindung beteiligten "indifferenten" oder
"nichtbindenden" Orbitale (Atomorbitale) bleibt hingegen unverändert. In der
grafischen Darstellung der Abb. 1.14 ist dies veranschaulicht. Der Übergang in den
angeregten π*- Zustand wiederum resultiert in einer höheren Energie der Carbonyl-
Gruppe als die der Einzelmoleküle im Grundzustand, d.h. die Bindung wird instabil -
"antibindend". Im betrachteten Fall wird die geringste Energie für den n → π*
Übergang benötigt. Da dieser Übergang jedoch symmetrieverboten ist, ist die
Intensität der Absorption wesentlich geringer als für den symmetrieerlaubten π → π*

Übergang.

Verallgemeinernd können aus diesen Betrachtungen Schlußfolgerungen bezüglich der für die Übergänge zwischen den einzelnen elektronischen Zuständen erforderlichen Energie gezogen werden. Eine Zuordnung der Übergangsenergien zwischen den einzelnen Zuständen entsprechend der oben gegebenen Typisierung ist unter Berücksichtigung der Ausdehnung des elektronischen Systems der Moleküle in Abb. 1.15 dargestellt.

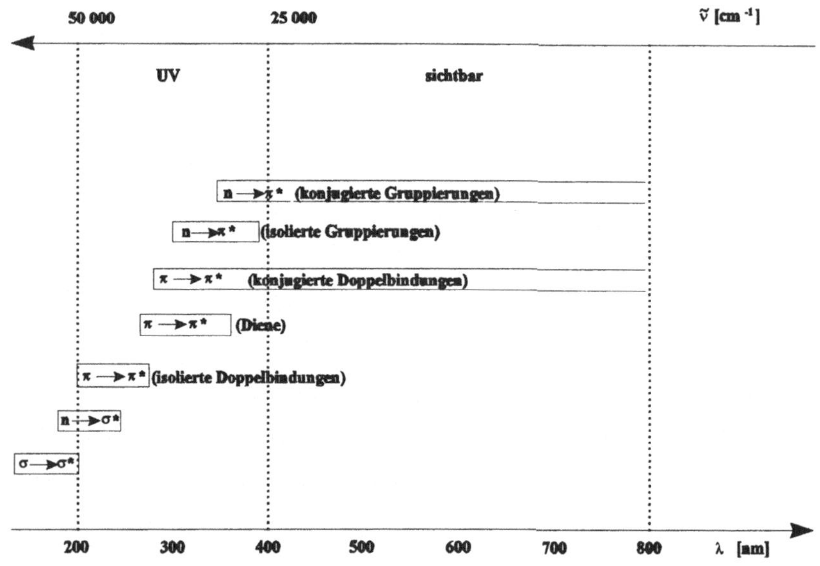

Abb. 1.15: Anordnung elektronischer Übergänge zwischen unterschiedlichen Molekülorbitalen bezüglich der absorbierten Energie und Darstellung der spektralen
Lage der Absorptionsbanden.(nach [Be 91])

Wie aus Abb.1.15 ersichtlich ist, wird die größte Energie für Übergänge zwischen zwei σ-Orbitalen benötigt: σ→ σ*. Da σ - Orbitale Einfachbindungen in den Molekülen beschreiben, wird ein solcher Übergang mit dem Aufbrechen dieser Bindung einhergehen, d.h. mit der Destruktion des Moleküls. Die geringsten Energien werden hingegen für n→ π* und π→ π* Übergänge benötigt. Dabei nimmt die für den Übergang erforderliche Energie mit zunehmender Ausdehnung des π-Elektronensystems ab (vgl. Kapitel 1.3.2).

Somit ist es möglich, über die Messung von Absorptionsspektren lediglich aufgrund der energetischen Lage der Absorptionsbanden erste Vermutungen über den Charakter der beobachteten elektronischen Übergänge zu formulieren. Weitere Informationen zum Typ des Übergangs können aus der Größe des molaren Extinktionskoeffizienten oder der Oszillatorstärke gewonnen werden (vgl. Kapitel 2.1.3).

1.3.2 Der Einfluß der Ausdehnung des π-Elektronensystems auf das Absorptionsspektrum

Aus dem Absorptionsspektrum von Molekülen lassen sich wichtige Rückschlüsse auf ihre elektronische Struktur ziehen. Gruppen von Atomen, die im Bereich von 200 nm bis ca. 800 nm absorbieren, bezeichnet man als *Chromophore*.

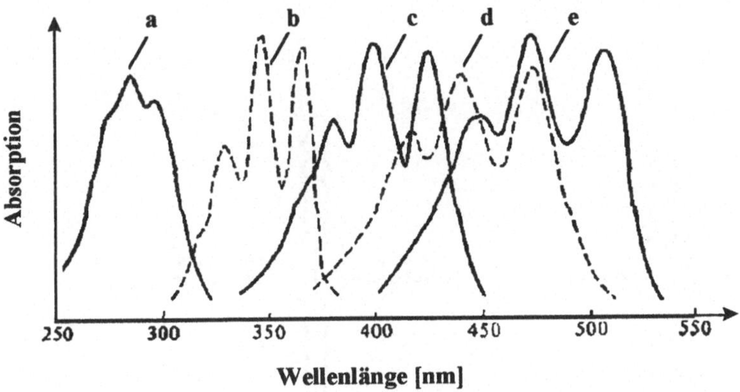

Abb.1.16: Absorptionsspektren von Carotinen mit unterschiedlichen Kettenlängen
(a: Phytoin, b: Phytofluin, c: ξ - Carotin, d: Neurosporin, e: Lykopin), nach [Br 83]

Wichtigster Faktor für die Absorption in diesem Spektralbereich ist das π-Elektronensystem. Wie aus Abb. 1.15 ersichtlich wird, erhält man für "kleine" π-Elektronensysteme Absorptionen im Bereich um 190nm (Peptidbindungen), für etwas größere Systeme wie z.B. Nukleinsäuren werden Absorptionen um 260nm gemessen. β-Carotin, das über ein ausgeprägtes π-Elektronensystem verfügt, weist eine Absorptionsbande im Bereich von 400-500nm auf. Betrachtet man eine Reihe von Carotinen (Abb.1.16) mit unterschiedlich langen Kohlenwasserstoffketten, die ein konjugiertes π - Elektronensystem bilden, so wird eine stetige bathochrome Verschiebung des Absorptionsspektrums mit wachsender Kettenlänge deutlich (nach [Br 83]). Die Größe der spektralen Verschiebung kann theoretisch vorausgesagt werden. Der einfachste Fall ist die Behandlung eindimensionaler konjugierter Doppelbindungen. Aber auch für makrozyklische Verbindungen, wie z. B. Tetrapyrrole können solche Voraussagen getroffen werden. Besonders eindrucksvoll ist das folgende Beispiel, bei dem die Vorhersage einer bathochromen Verschiebung

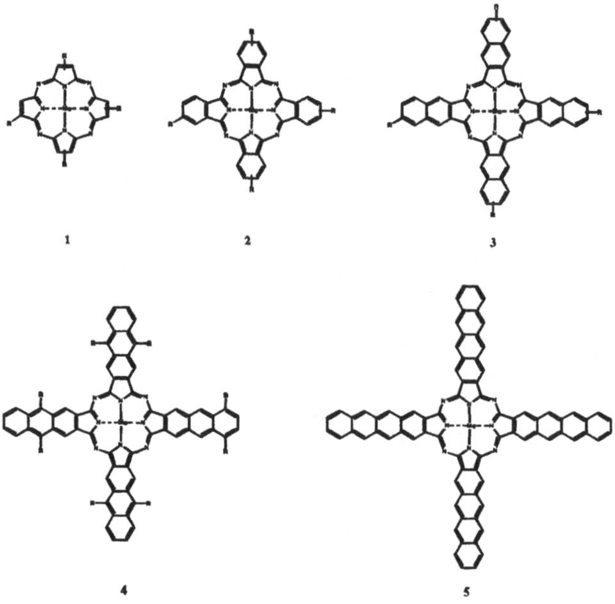

Abb. 1.17: Struktur von Tetra-aza-porphyrinen
(Phthalocyaninen) nach [Fr 86]

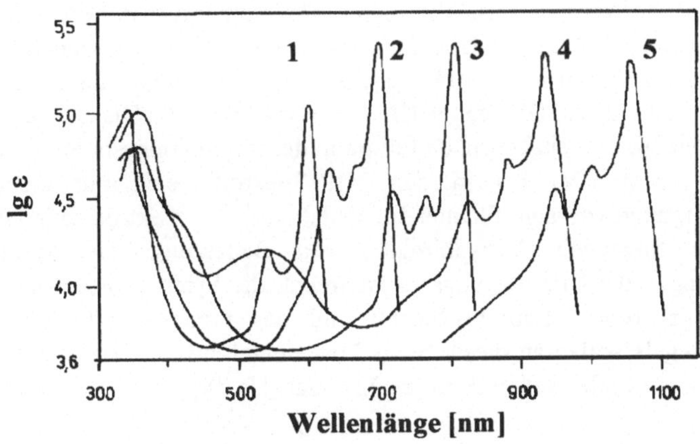

Abb. 1.18: Absorptionsspektren der in Abb. 1.17 dargestellten
Verbindungen, nach [Fr 86]

um 100nm bei Kondensation von jeweils vier Anthrazenringen bzw. vier
Naphtaleneinheiten an das Grundgerüst durch nachfolgende Synthese bestätigt
werden konnte [Fr 86]. In Abb. 1.17 sind die Strukturformeln der Verbindungen und
in Abb. 1.18 die entsprechenden Absorptionsspektren dargestellt. Die Strukturen 1-4
wurden synthetisiert und vermessen, während für die Struktur 5 das berechnete
Spektrum angegeben ist. Die Registrierung des Absorptionsspektrums gestaltet sich
für derart ausgedehnte π-Elektronensysteme wegen der zunehmenden Instabilität
sehr schwierig und erwies sich im Fall der Struktur 5 als nicht möglich. Gleichzeitig
wird aus der Darstellung deutlich, daß die elektronischen Eigenschaften von
Tetrapyrrolen wesentlich durch Substitutionen, welche die Ausdehnung des π-
Elektronensystems verändern, moduliert werden können.

1.3.3 Das Jablonski-Diagramm

Von besonderem Interesse für die Photochemie und Photobiophysik ist das
Jablonski-Diagramm, in dem eine Klassifizierung nicht nur der einzelnen
elektronischen Molekülzustände, sondern auch der Übergänge zwischen ihnen

möglich wird.

Im Verlauf optisch induzierter Übergänge oszillieren elektronische und magnetische Momente des Moleküls mit der Frequenz des eingestrahlten Lichtes. Je nach Art der vorzugsweise angeregten Momente (elektrischer / magnetischer Dipol/Quadrupol) kann der Übergang zwischen zwei verschiedenen Zuständen klassifiziert werden. In Abhängigkeit davon gelten dann spezifische Auswahlregeln für die Übergänge [Bi 73]. Wir können die Diskussion jedoch an dieser Stelle stark vereinfachen, da für die in der Photobiophysik interessierenden Energien vom UV- bis in den NIR-Spektralbereich nur elektronische Dipolübergänge von signifikanter Intensität sind. Für elektronische Übergänge sind die folgenden Auswahlregeln von Bedeutung: die Multiplizitätsauswahlregel, die Überlappungsauswahlregel, die Symmetrieauswahlregel, die Paritätsregel (oder "Laporte-Regel") und das Franck-Condon-Prinzip. Die Auswahlregeln sollen an dieser Stelle kurz eingeführt werden. Weiterführende Darstellungen finden sich z.B. in [Bi 73] oder [Ha 78].

Die **Multiplizitätsregel oder Spinauswahlregel** verbietet Übergänge, bei denen sich die totale Elektronspin-Quantenzahl (S) ändert, d.h. $\Delta S = 0$. Da organische Moleküle in der Regel im Grundzustand eine closed-shell-Formation aufweisen, d.h. $S = 0$ ist, sind aus dem Grundzustand nur Singulett-Übergänge spinerlaubt. Dazu zählen z.B. $\pi \rightarrow \pi*$ – Übergänge. Diese spinerlaubten Übergänge besitzen einen hohen molaren Extinktionskoeffizienten in der Größenordnung von $\varepsilon = (10^4 - 10^5)$ $M^{-1} \cdot cm^{-1}$. Spinverboten ist hingegen ein direkter Übergang aus dem Singulettgrundzustand in den ersten angeregten Triplettzustand. Entsprechend gering ist der molare Extinktionskoeffizient $\varepsilon \approx 10^{-3}$ $M^{-1} \cdot cm^{-1}$.

Die **Überlappungsauswahlregel** besagt, daß $n \rightarrow \pi*$ Übergange verboten sind, wenn sich die am Übergang beteiligten Orbitale nicht überlappen. Diese Regel gilt streng, wenn das n-Orbital am Heteroatom ein reines Atomorbital ist. Enthält das n-Orbital dagegen s-Anteile (reines s-Atomorbital oder s-Hybridanteile) ist das Verbot gelockert (vgl. Kapitel 1.3.1). Daraus folgen die geringen Werte für $n \rightarrow \pi*$ -Übergänge mit $\varepsilon = 10^2$ $M^{-1} \cdot cm^{-1}$.

Die **Symmetrieauswahlregel** sagt aus, daß elektronische Übergänge zwischen verschiedenen Zuständen nur dann erlaubt sind, wenn das Produkt aus den Wellenfunktionen von Grund- und Anregungszustand die gleichen Symmetrieeigenschaften besitzt wie eine der Komponenten des Übergangsdipoloperators.

Die **Laporte- oder Paritätsregel** ist nur für Moleküle mit hoher Symmetrie relevant (Symmetriezentrum) und verbietet Übergänge zwischen Zuständen der gleichen Parität.

Nach dem **Franck-Condon-Prinzip** sind solche Übergänge am wahrscheinlichsten, bei denen die Konfiguration des Kerngerüstes des Moleküls erhalten bleibt. Da dieses Prinzip von besonderer Bedeutung für das Verständnis elektronischer Übergänge ist, wird es in Kapitel 2 eingehend erläutert und diskutiert.

Dennoch können bei bestimmten Moleküleigenschaften auch sogenannte "verbotene" Übergänge mit relativ hoher Quantenausbeute und Intensität beobachtet werden. Insbesondere die Lockerung der Spinauswahlregel und die damit verbundenen Interkombinationsprozesse (vgl. Kapitel 2) sind für die Photobiophysik von besonderer Bedeutung.

Zur Veranschaulichung der relevanten elektronischen Übergänge in Molekülen ist in (Abb. 1.19) ein schematisches Jablonski-Diagramm für ein 5-Niveau-System dargestellt. Zum besseren Verständnis sind rechts und links neben dem eigentlichen Jablonski-Diagramm die einzelnen elektronischen Zustände des Moleküls noch einmal entsprechend der unter Punkt 1.3.1 eingeführten Symbolik gekennzeichnet.

Der Grundzustand (S_0) von Molekülen ist gewöhnlich ein Singulettzustand und nicht reaktiv. Um chemische Reaktionen oder andere Wechselwirkungen mit Partner-Molekülen eingehen zu können, bedarf es einer *Aktivierung*. Diese erfolgt in der Photochemie bzw. Photobiophysik über die Absorption eines Lichtquants. Als Folge geht das Molekül entsprechend der Multiplizitätsregel in seinen ersten angeregten Singulettzustand (S_1) oder bei höherer Energie des Lichtquants in einen höher angeregten Singulettzustand (S_n) über. Aus S_n erfolgt eine schnelle $(\tau \leq 10^{-12}s)$ strahlungslose Relaxation (IC: internal conversion = innere Umwandlung) nach S_1. Die Desaktivierung dieses Zustandes kann entweder strahlungslos (IC) oder über Abgabe eines Lichtquants in Form der Fluoreszenz erfolgen. Die Lebensdauer des ersten angeregten Singulettzustandes von Molekülen in Lösung liegt im Bereich von 10^{-9} bis 10^{-8} s. Außerdem ist unter

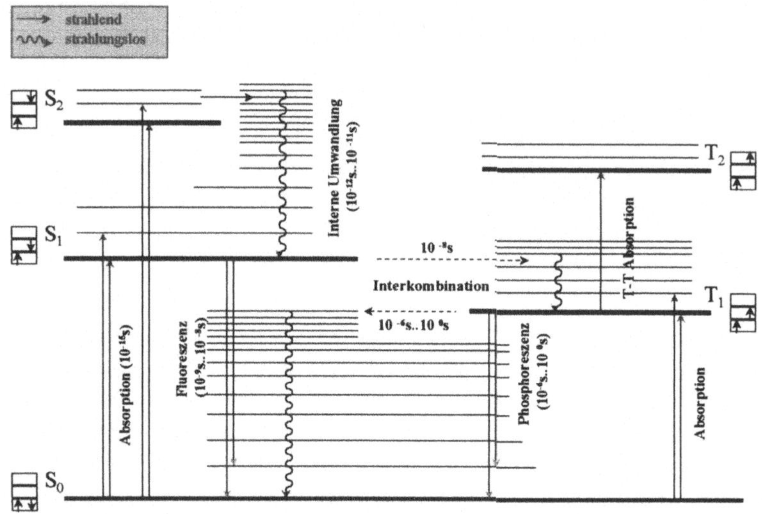

Abb.1.19: Jablonski-Diagramm für ein Molekül mit fünf elektronischen Zuständen

bestimmten Voraussetzungen (Kapitel 2) aus S_1 ein Übergang (ISC: intersystem crossing = Interkombination) in den ersten angeregten Triplettzustand (T_1) möglich. Dieser Übergang ist spinverboten, d.h. T_1 wird nur mit geringer Quantenausbeute besetzt. Die Desaktivierung ist wiederum mit einer Spinumkehr verbunden und kann entweder strahlungslos (ISC) oder über Phosphoreszenz erfolgen. Das Spinverbot dieses Überganges ist die Ursache für eine relativ lange Lebensdauer (10^{-6} bis 10^{-3}s) des (T_1)-Triplettzustandes, der damit zum bevorzugten Ausgangspunkt von Energie- und Ladungstransfer-Prozessen wird (vgl. Kapitel 3, 4, 5). Darüberhinaus kann der erste angeregte Triplettzustand Ausgangspunkt für die Besetzung höher angeregter Triplettzustände sein (Zwei-Schritt-Zwei-Photonen-Absorption). Da eine direkte Besetzung des ersten angeregten Triplettzustandes aus dem Grundzustand spinverboten ist, könnte sie nur bei sehr hohen Intensitäten des Anregungslichtes mit äußerst geringen Ausbeuten realisiert werden. Somit ist dieser Weg der Besetzung des ersten angeregten Triplettzustandes für photobiophysikalische Fragen nicht relevant. Andererseits wird deutlich, daß die Aktivierung von Molekülen in den T_1-Zustand nach Absorption eines Lichtquants nur über einen Interkombinationsprozeß möglich ist. Dies führt zwangsläufig zu der Frage, unter welchen Bedingungen dieser spinverbotene Prozeß mit einer für die nachfolgenden Reaktionen akzeptablen Quantenausbeute ablaufen kann. Im folgenden Kapitel werden wir uns ausführlicher mit dem Mechanismus der einzelnen elektronischen Übergänge befassen und auch diese Frage beantworten.

1.4   Literatur

[Be 91] Becker H.G.O. (Hersg.): Einführung in die Photochemie, Deutscher Verlag der Wissenschaften 1991

[Be 76] Bender W., Davidson N.: Cell 7 (1976) 595

[Bi 73] Birks J.B.(ed.): Organic Molecular Photophysics, Wiley, London 1973

[Br 83] Britton, G.: The Biochemsitry of Natural Pigments. Cambridge University Press 1983.

[Br 59] Brugsch, J.: Porphyrine, J.-A. Barth Verlag, Leipzig 1959

[Ca 95] Cantor Ch.R., Schimmel P.R.: Biophysical Chemistry, Part I, Freeman and Co., New York 1995

[Do 78] Dolphin D. (Hrsg.): The Porphyrins,Vol.3, Academic Press 1987

[Fi 40] Fischer F.: Die Chemie der Pyrrole, Academ. Verlagsges. Berlin 1940

[Fr 86] Freyer W., Le quoc Minh: Monatshefte Chem. 117 (1986) 475.

[Go 63] Gouterman M., Wagniere G.H.: J.Mol.Spectr. 11 (1963) 108.

[Gr 87] Gross E., Malik Z., Ehrenberg B.: J.Mambr. Biol. 97 (1987) 215

[Gr 89] Gross E., Ehrenberg B.: BBA 983 (1989) 118

[Ha94] Haken H., Wolf H.Ch.: Molekülphysik und Quantenchemie. Springer Verlag Berlin Heidelberg New York 1994.

[Ha 78] Harris D.C., Bertolucci M.D.: Symmetry and Spectroscopy. An Introduction to Vibrational and Electronic Spectroscopy. Oxford University Press, New York 1987

[IU 87] Int.Union of Pure and Appl.Chem., Int. Union of Biochem., Joint Comm. on Biochem. Nomencl.: Pure Appl.Chem. 59 (1987) 779

[Ka 95] Kaim W., Schwederski B.: Bioanorganische Chemie, Teubner Studienbücher Chemie,B.G.Teubner Stuttgart 1995

[Ka 87] Kalyanasundaram K.: Photohcemistry in microheterogeneous systems, Academic Press Inc., Florida 1987

[Na 86] Nagarjan R.: Adv.Coll.Interface Sc. 26 (1986) 205

[Pe 79] Petke J.D., Maggiora G.M., Shipman L., Christoffersen R.E.:
Photochem. Photobiol. 30 (1979) 203.

[Ra 63] Ramachandran, G.N., Ramakrishnan C., Sasisekharan:
Stereochemstry of polypeptide chain configurations,
J.Mol.Biol. 7(1963) 95

[Ta 82] Tanford C.J.: The Hydrophobic Effect, Wiley & Sons,
New York 1982

[Th 91] Therien M.J., Bowler B.E., Selman M.A., Gray H.B., Chang Ijy,
Winkler J.R.: Porphyrin-Ruthenium Electronic Couplins in Three
Ru(His)Cytochromes c, in: Electron Transfer in Inorganic, Organic,
and Biological Systems,eds.: Bolton J.R., Mataga N., McLendon
G., Adv. in Chem Ser. 228, Am.Chem.Soc., DC 1991, S.191-200

[Ve 66] Vernon L.P., Seely G.R.: The Chlorophylls, Academic Press 1966

2 Zum Mechanismus ausgewählter photophysikalischer Prozesse

2.1 Absorption von Licht

Wie bereits in Kapitel 1 erläutert, besteht die Energie eines Moleküls in einem gegebenen elektronischen Zustand nicht nur aus elektronischer Energie, sondern enthält auch Kernschwingungs- und Rotationsanteile. Da der Prozeß der Absorption von Licht sehr schnell verläuft ($\approx 10^{-15}$s) kann man jedoch bei dessen Diskussion die langsamen Kernbewegungen gegenüber den schnellen elektronischen Bewegungen vernachlässigen und die *adiabatische* oder *"Born-Oppenheimer Näherung"* anwenden.

2.1.1 Potentialkurven in Born-Oppenheimer-Näherung

Zur Darstellung des Schwingungszustandes eines Moleküls in Born-Oppenheimer - Näherung wird die Kernkonfiguration als konstant angenommen und die Wellenfunktion ($\Psi_{n,v}$) als Produkt aus der Elektronenfunktion (E) und der Kernschwingungsfunktion (K) dargestellt, wobei Rotationsbeiträge vernachlässigt werden:

$$\Psi_{n,v} \approx E_n\,(r, R) \cdot K_{n,v}\,(R) \tag{2.1}$$

Darin bedeuten: R - Kernkoordinaten, r - Koordinaten und Spin des Elektrons, n und v kennzeichnen den jeweiligen elektronischen und den dazugehörigen Schwingungszustand des Moleküls.

In dieser Darstellung ist die Kernkoordinate (R) eine Konstante in bezug auf die elektronische Funktion (E). Die Kernschwingungsfunktion (K) hingegen ist nicht nur von der Kernkoordinate (R) sondern auch vom Potential, das die Elektronen im Zustand n aufbauen - und in dem sich die Kerne bewegen - abhängig. Unter der Annahme, daß das Potential näherungsweise harmonisch ist, ergeben sich

Potentialkurven in Form von Parabeln. In Abbildung 2.1. sind die Potentialenergiekurven für zwei elektronische Zustände E_1 und E_2 als Funktion der Kernkoordinate (R) schematisch dargestellt. Die Koordinaten R_{e1} und R_{e2} sind die jeweiligen Gleichgewichtskoordinaten des Kerns in diesen Zuständen.

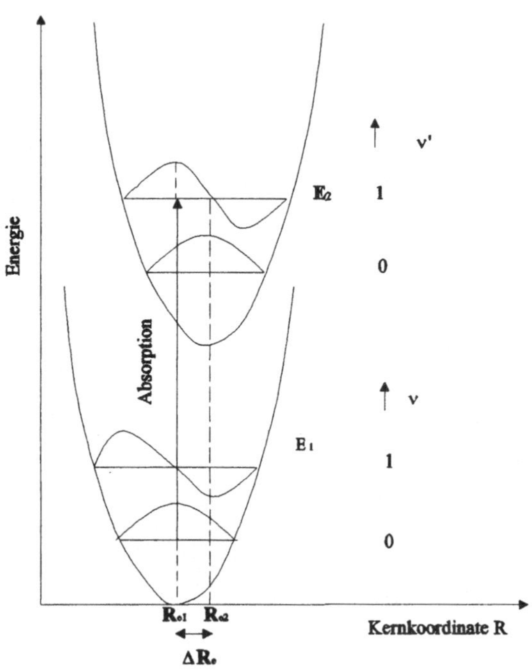

Abb.2.1: Potentialkurven in Born-Oppenheimer-Näherung
(Erläuterungen im Text)

Gezeigt sind außerdem jeweils die zwei niedrigsten erlaubten (äquidistanten) Schwingungsniveaus mit den Schwingungsquantenzahlen v und v' ($v, v' = 0, 1, ...$) und den entsprechenden Schwingungseigenfunktionen $K_{1,v}$ bzw. $K_{2,v'}$, deren Quadrat die Wahrscheinlichkeit des Aufenthaltes des Kerns in einer Position R widerspiegelt. Bei realistischer Darstellung laufen die Potentialkurven für große R zu einer Dissoziationsgrenze zusammen und der Abstand zwischen den

Schwingungszuständen verringert sich mit zunehmenden Quantenzahlen.

2.1.2 Franck-Condon-Prinzip und Stokes-Shift

Wie bereits unter 1.3.3 ausgeführt, sind für die in der Photobiophysik
interessierenden Energien vom UV- bis in den NIR-Spektralbereich   nur
elektronische Dipolübergänge von signifikanter Intensität, weshalb wir uns auf die
Diskussion dieser Übergänge beschränken werden.
Das entsprechende *Übergangsdipolmoment* μ_{ik}, welches dem Übergang von einem
Zustand, der mit der Wellenfunktion Ψ_i beschrieben wird, nach einem Zustand Ψ_k
zugeordnet werden kann, ist ein Vektor mit definierter Orientierung innerhalb des
Moleküls:

$$\mu_{ik} = e \langle \Psi_i \,|\, \textstyle\sum r_n \,|\, \Psi_k \rangle \tag{2.2}$$

mit e als Elementarladung und r_n als Ortsvektor des n-ten Elektrons.
Da in der Born-Oppenheimer-Näherung die Abhängigkeit der elektronischen
Funktion E von den Kernkoordinaten R vernachlässigt wird, gilt:

$$\mu_{ik} \approx \overline{\mu}_{el,\,ik} \cdot S_{iv\,,kv'} \tag{2.3}$$

wobei $\overline{\mu}_{el,ik}$ den elektronischen Anteil des Übergangsmomentes und die Größe
$S_{iv,kv'} = \langle K_{iv} | K_{kv'} \rangle$ den *Franck-Condon-Faktor* (FCF) darstellen. Die Größe des FCF
hängt wesentlich von der Verschiebung der Gleichgewichtslage des Kerns ($\Delta R_e = R_{ek}$
$- R_{ei}$) beim Übergang zwischen den elektronischen Zuständen ab. Der Inhalt von Gl.
2.3 entspricht dem Franck-Condon-Prinzip und kann wie folgt formuliert werden:

Franck-Condon-Prinzip
Elektronische Übergänge erfolgen bei unveränderten Kernkoordinaten in den
Franck-Condon-Zustand, der nicht dem Gleichgewichtszustand des neuen
elektronischen Zustandes entsprechen muß.

Dementsprechend wird der Übergang (z.B. verursacht durch Absorption von Licht) zwischen zwei elektronischen Zuständen in Potentialdiagrammen mit einer senkrechten Linie gekennzeichnet (Abb. 2.1).

Entspricht der Franck-Condon-Zustand nicht der Gleichgewichtskonfiguration des neuen elektronischen Zustandes, was in der Regel der Fall sein wird, so erfolgt eine Relaxation in einen stabilen Gleichgewichtszustand über langsame Kernbewegungen. Die Intensität (Wahrscheinlichkeit) eines Überganges ist dann am höchsten, wenn die Überlappung der Kernschwingungsfunktionen im Anfangs- und Endzustand am größten sind. Für den in Abb. 2.1 dargestellten Fall bedeutet das: Bei der Kernkoordinate R_{e1} wird der Übergang zwischen den Zuständen $K_{1,v=0}$ und $K_{2,v'=1}$ am wahrscheinlichsten sein. Da Moleküle in der Regel (Ausnahme z.B. molekularer Sauerstoff vgl. Kapitel 5) bei Zimmertemperatur in "closed shell" Formation vorliegen, und entsprechend der Boltzmann-Verteilung vorzugsweise der Schwingungszustand $v = 0$ des Grundzustandes des Moleküls besetzt ist, werden Absorptionsvorgänge vom $S_{0,0}$ - Niveau aus starten. Ähnlich wird die Emission von Energiequanten aus dem Schwingungsniveau $v' = 0$ nach schneller Relaxation ($\sim 10^{-11}$s) aus dem Franck-Condon-Zustand in den neuen Gleichgewichtszustand $S_{1,0}'$ erfolgen. Die oben bereits erwähnte Abhängigkeit des FCF von der Verschiebung der Gleichgewichts-Kernkoordinaten ($\Delta R_e = R_{e2} - R_{e1}$) drückt sich unmittelbar in der Schwingungsstruktur der Elektronenbanden aus. Bei Übergängen mit $\Delta R_e \approx 0$ wird direkt der neue Gleichgewichtszustand besetzt und somit der $0 \rightarrow 0'$ - Übergang am intensivsten sein (Abb. 2.2). Interessant ist außerdem die oft bei Molekülen zu beobachtende Spiegelsymmetrie zwischen $S_0 \rightarrow S_1$ - Absorptions- und $S_1 \rightarrow S_0$ Fluoreszenzspektrum. Ursache hierfür ist, daß die FC-Faktoren $\langle K_{1,v} | K_{2,v'} \rangle$ und $\langle K_{2,v'} | K_{1,v} \rangle$ für $v = v'$ annähernd gleich sind, wenn sie gleichartige Schwingungen beschreiben.

Untersucht man Moleküle in Lösung, so beobachtet man in der Regel eine "Energielücke" zwischen $0 \rightarrow 0$ Absorptions- und Fluoreszenzübergang (Abb. 2.2). Diese *Fluoreszenzlücke* (Δv_F) ist umso größer, je stärker sich die Solvatationsenergien in den Zuständen S_0 und S_1 unterscheiden. Eine Erklärung könnte folgendermaßen gegeben werden. Nach Absorption eines Lichtquants befindet sich das Molekül in einem Nichtgleichgewichts-Zustand (Franck- Condon-Zustand). Von dort erfolgt die strahlungslose Relaxation in den Schwingungs-grundzustand von S_1 ($v'=0$). Aus diesem Zustand geht das Molekül innnerhalb von

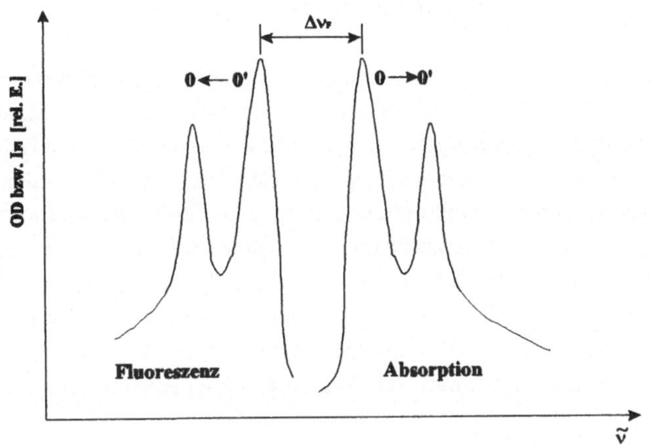

Abb.2.2: Darstellung von Absorption und Fluoreszenz für den Fall $\Delta R_e \approx 0$
(Δv_F - Fluoreszenzlücke)

ca. 10^{-9}s in den Franck-Condon-Zustand des elektronischen Grundzustandes S_0 über, um dann in den Gleichgewichtsgrundzustand ($v = 0$) zu relaxieren. Während dieser Prozesse befindet sich das Molekül in Wechselwirkung mit der umgebenden Solvathülle. Die Änderung des Dipolmoments zwischen S_0 und S_1 verursacht auch eine veränderte Ladungsverteilung im Molekül. Dadurch können sich dramatische Veränderungen in der Protonenaffinität des Moleküls ergeben, was zu Umorientierungsprozessen der Solvatmoleküle führt. Alle diese Prozesse sind mit Energieverlusten für das Molekül verbunden, woraus die beobachtete Fluoreszenzlücke resultiert. Damit haben wir gleichzeitig eine Erklärung für das aus empirischen Beobachtungen formulierte Gesetz von Zanotti und Algarotti (vgl. Kapitel 1) gegeben.

Bei ausgedehnten makrozyklischen π-Elektronensystemen, wie sie z.B. bei Tetrapyrrolen anzutreffen sind, kann sich die Wahl des Lösungsmittel extrem auf die Größe des Fluoreszenzlücke und damit die Lage der Fluoreszenzmaxima der untersuchten Verbindungen auswirken.

2.1.3　Extinktionskoeffizient und Oszillatorstärke

Die Intensität der elektronischen Absorptionsübergänge kann mit Hilfe verschiedener Größen beschrieben werden. Ein relativ grobes Maß ist der Extinktionskoeffizient ε_{max} in der intensivsten Schwingungsbande innerhalb einer elektronischen Bande, der unter Nutzung des Bouguer-Lambert-Beerschen Gesetzes bestimmt werden kann. Genauer läßt sich die Intensität mit der dimensionslosen Größe der *Oszillatorstärke* (f) beschreiben. Aus der Quantenmechanik ist bekannt, daß f und damit auch ε ($\tilde{v}$) als Wahrscheinlichkeiten der Übergänge zwischen den energetischen Niveaus bestimmt werden. Theoretisch läßt sich die Wahrscheinlichkeit des Überganges von einem elektronischen Zustand i nach Absorption eines Lichtquants hv in den energetisch höheren Zustand k mit dem Einstein-Koeffiezienten B_{ik} beschreiben:

$$B_{ik} = \frac{8\pi^3 \cdot G}{3 \cdot h^2 \cdot c} \cdot |\overline{\mu_{ik}}|^2 \qquad\qquad (2.4)$$

worin $\overline{\mu_{ik}} = \langle \Psi_i | \overline{\mu} | \Psi_k \rangle$ das mittlere elektronische Übergangsdipolmoment (mit Ψ als den elektronischen Wellenfunktionen der beiden Zustände), e die Elementarladung und c die Lichtgeschwindigkeit sind. G ist ein Multiplizitätsfaktor, der für Übergänge zwischen Singulettzuständen den Wert G = 1 annimmt. Für die Oszillatorstärke f_{ik} als Maß der Intensität des Überganges gilt dann:

$$f_{ik} = \frac{8\pi^2}{3} \cdot \frac{m_e \cdot c \cdot v_{ik}}{h \cdot e^2} \cdot |\overline{\mu_{ik}}|^2 \qquad\qquad (2.5)$$

Eine Beziehung der Oszillatorstärke zum gemessenen Absorptionsspektrum ergibt sich aus der Proportionalität von f_{ik} zum integralen Extinktionskoeffizienten (vgl. Punkt 1.2.3) der Absorptionsbande:

$$f_{exp} = (4{,}315 \cdot 10^{-9} \cdot n^{-1}) \cdot \int_{Bande} \varepsilon \, (\tilde{v}) \, d\tilde{v} \qquad\qquad (2.6)$$

Für erlaubte elektronische Übergänge liegt die Oszillatorstärke etwa bei eins.

Im Falle einer strukturlosen symmetrischen Bande kann das Integral weiter vereinfacht werden:

$$\int_{Bande} \varepsilon\,(\tilde{v})\; d\,\tilde{v} \;\approx\; \varepsilon_{max} \cdot \Delta\,\tilde{v}_{fwhh} \tag{2.7}$$

Darin ist $\Delta\tilde{v}_{fwhh}$ die Halbwertsbreite der Absorptionsbande[1]. Mit dieser recht groben Vereinfachung läßt sich zumindest die Größenordnung der Oszillatorstärke für elektronische Übergänge relativ einfach aus dem Absorptionsspektrum abschätzen, wobei n bei praktischen Messungen in der Regel vernachlässigt, d.h. mit dem Wert eins gesetzt wird [Mu 39].

2.2   Monomolekulare Desaktivierungsprozesse

Nachdem wir uns ausführlich mit dem Prozeß der Absorption von Licht beschäftigt haben, wollen wir uns nunmehr der Betrachtung der anschließenden Desaktivierungsprozesse zuwenden.

Nach Absorption eines Lichtquants befindet sich das angeregte Molekül nicht im thermischen Gleichgewicht mit seiner Umgebung. Der Zustand ist deshalb von geringer Lebensdauer und wird durch verschiedene intra- und intermolekulare Prozesse, die sowohl physikalischer wie chemischer Natur sein können, desaktiviert. Eine Übersicht der möglichen Prozesse ist in Schema 2.1. gegeben.

__Photophysikalische Prozesse__	__Photochemische Prozesse__
Umwandlung in thermische Energie	Bildung freier Radikale
Übergänge zwischen verschiedenen Zuständen	Zyklisierung
Energietransfer	Intramolekulare Umlagerungen
Strahlende Desaktivierung	Abspaltung von Atomen oder Atomgruppen

Schema 2.1.: Zusammenfassung von Desaktivierungsprozessen nach elektronischer Anregung

---

[1] fwhh: full width at half height ($\Delta\bar{v}$): Intervall zwischen den beiden Wellenzahlen $\bar{v}_1$ und $\bar{v}_2$, bei denen die Intensität auf den halben Wert des Maximums gesunken ist.

Die alternativen Wege und jeweils dominierenden Prozesse sind durch die chemische Struktur des Moleküls und seiner unmittelbaren Umgebung, Art des angeregten Zustandes, Temperatur, Druck und andere experimentelle Bedingungen bestimmt.

Die relative Effizienz der einzelnen Prozesse kann mit der *Quantenausbeute* (Φ) bewertet werden (vgl. Kapitel 1). Die *Lebensdauer* (τ) eines angeregten Molekülzustandes wird direkt von der Effizienz der Desaktivierungsprozesse beeinflußt und kann im Falle monomolekularer Desaktivierung geschrieben werden als:

$$\tau = 1 \, / \, \Sigma \, k_i \tag{2.8}$$

wobei k_i die Ratenkonstanten der monomolekularen Desaktivierungsprozesse sind. Bei bimolekularen Dissipationsprozessen wie z. B. Quenching oder chemischen Reaktionen muß in den Nenner von Gl. 2.8 ein entsprechender Konzentrationsterm eingefügt werden.

Die verschiedenen Möglichkeiten der physikalischen monomolekularen und bimolekularen Desaktivierung lassen sich entsprechend der in Schema 2.2. gegebenen Übersicht zusammenfassen. Photoinduzierte Ladungstransferprozesse (intra- und intermolekular) sind in der Tabelle der besseren Übersichtlichkeit wegen nicht angeführt. Im folgenden wenden wir uns zunächst den monomolekularen Prozessen zu, die entsprechend als "strahlunglose" und "strahlende" Desaktivierungsprozesse unterteilt werden können. In den Kapiteln 3, 4 und 5 werden wir uns dann den bimolekularen Prozessen des Energie- und Elektronentransfers zuwenden.

1. Lichtemission

$S_1 \rightarrow S_0 + h\nu$	Fluoreszenz
$T_1 \rightarrow S_0 + h\nu$	Phosphoreszenz
$S_1 \rightarrow T_0 + h\nu$	"
$T_1 + T_1 \rightsquigarrow S_1^{\nu} + S_0^{\nu} \rightsquigarrow S_1 + S_0 + h\nu$	verzögerte Fluoreszenz (P-Typ)
$S_1 \rightsquigarrow T_1 \rightsquigarrow S_1 \rightarrow S_0 + h\nu$	verzögerte Fluoreszenz (E-Typ)

2. Strahlungslose intramolekulare Desaktivierung

$S_1 \rightsquigarrow S_0$	Innere Umwandlung (IC)
$S_n \rightsquigarrow S_1$	" "
$T_n \rightsquigarrow T_1$	" "
$S_1 \rightsquigarrow T_1$	Interkombination (ISC)
$T_1 \rightsquigarrow S_0$	"
$S_1 \rightsquigarrow T_0$	"

3. Strahlungslose intermolekulare Desaktivierung

(D:Donator, A: Akzeptor, *: nur für gleichartige Moleküle)

$^{D}S_1 + {}^{A}S_0 \rightsquigarrow {}^{D}S_0 + {}^{A}S_1$	Singulett-Singulett-Energietransfer
$^{D}T_1 + {}^{A}S_0 \rightsquigarrow {}^{D}S_0 + {}^{A}T_1$	Triplett-Triplett-Energietransfer
$^{D}T_1 + {}^{A}S_0 \rightsquigarrow {}^{D}S_0 + {}^{A}S_1$	Triplett-Singulett-Energietransfer
$^{a}T_1 + {}^{b}T_0 \rightsquigarrow {}^{a}S_1 + {}^{b}S_0$	Triplett-Triplett-Annihilation*
$^{a}S_1 + {}^{b}S_0 \rightsquigarrow {}^{a}T_0 + {}^{b}T_1$	Singulett-Exziton-Zerfall*

4. Bildung und Zerfall von Exzimeren (B=C) und Exziplexen (B≠C)

$^{(B\text{-}C)}S_1 \rightarrow {}^{B}S_1 + {}^{C}S_0 + h\nu$	Exz. - Fluororeszenz
$^{(B\text{-}C)}T_1 \rightarrow {}^{B}S_1 + {}^{C}S_0 + h\nu$	Exz. - Phosphoreszenz
$^{B}S_1 + {}^{C}S_0 \leftrightsquigarrow {}^{(B\text{-}C)}S_1$	Bildung/Zerfall eines Singulett- Exz.
$^{B}T_1 + {}^{C}S_0 \leftrightsquigarrow {}^{(B\text{-}C)}T_1$	Bildung/Zerfall eines Triplett - Exz.
$^{B}T_1 + {}^{C}T_1 \leftrightsquigarrow {}^{(B\text{-}C)}S_1$	Triplett-Triplett-Reaktion: Bildung/ Zerfall eines Singulett-Exz.

Schema 2.2: Übersicht von Prozessen der photophysikalischen Desaktivierung

2.2.1   Strahlende Desaktivierung

Unter der Annahme, daß die Lichtemission der einzige Weg der Desaktivierung des angeregten Zustandes ist, wird von der *natürlichen Strahlungslebensdauer* (τ_R) dieses Zustandes gesprochen. Diese Lebensdauer ist jedoch - im Gegensatz zur *experimentellen Lebensdauer* (τ) - nicht direkt meßbar, da stets auch strahlungslose Desaktivierungsprozesse ablaufen. Die natürliche Strahlungslebensdauer des angeregten Zustandes ist gegeben als $\tau_R = 1/k_R$, worin die Ratenkonstante (k_R) durch den Einsteinkoeffizienten der spontanen Emisssion A_{ik} definiert ist. Aus dieser Beziehung kann über eine semiempirische Betrachtung [St 62] die natürliche Strahlungslebensdauer des angeregten Zustandes mit folgender Formel aus dem Absorptionsspektrum abgeschätzt werden:

$$\tau_R \quad \approx 3{,}5 \cdot 10^8 \cdot (g_2 / g_1) \cdot \{ n^2 \cdot \tilde{v}_m^{\,2} \cdot \int \varepsilon(\tilde{v})\, d\tilde{v} \}^{-1} \qquad (2.9)$$

$$\approx 3{,}5 \cdot 10^8 \cdot (g_2 / g_1) \cdot \{ n^2 \cdot \tilde{v}^{\,2}_{max} \cdot \varepsilon_{max} \cdot \Delta\tilde{v}_{fwhh} \}^{-1} \qquad (2.10)$$

$$\approx 1{,}5 \cdot \{ n^2 \cdot \tilde{v}^{\,2}_{max} \cdot f_{12} \}^{-1} \qquad (2.11)$$

Darin sind $\tilde{v}_m$ die mittlere Wellenzahl des elektronischen Überganges, $\tilde{v}_{max}$ die Wellenzahl im Maximum der Absorptionsbande, n der Brechungsindex sowie g_1 und g_2 die Multiplizitätsfaktoren für die elektronischen Zustände, die an dem Übergang beteiligt sind. Für Singulettzustände ist $g=1$ und für Triplettzustände gilt $g=3$. f_{12} ist die Oszillatorstärke des Überganges. Es ist zu beachten, daß die Näherung in Gl. 2.11 nur für symmetrische, strukturlose Banden gilt. Bei Einsetzen realistischer Werte in Gl. 2.11 ($n=1$; $\tilde{v}_{max}=2{,}5 \cdot 10^4 cm^{-1}$; $f_{12}(S)=1$; $f_{12}(T)=10^{-9}$) lassen sich die natürlichen Strahlungslebensdauern eines angeregten Singulett- bzw. Triplettzustandes zu $\tau_R(S)=2{,}4 \cdot 10^{-9} s$ und $\tau_R(T)=2{,}4 s$ abschätzen. Die natürliche Strahlungslebensdauer ist nahezu unabhängig von der Temperatur, hängt aber in gewissem Umfang von der Umgebung ab. So kann die natürliche Strahlungslebensdauer z.B. über den Brechungsindex des Lösungsmittels beeinflusst werden.

2.2.1.1 Fluoreszenz

Als Fluoreszenz bezeichnet man den emissiven Übergang zwischen Zuständen gleicher Multiplizität. Da die meisten Moleküle in einem Singulett-Grundzustand vorliegen und damit nach Lichtabsorption ein Übergang in einen höheren Singulettzustand (vgl. Kapitel 1.3) erfolgt, wird Fluoreszenz vorzugsweise im Singulettsystem beobachtet. Wegen der sehr schnellen strahlungslosen Relaxation (IC) von höher angeregten Singulettzuständen ($S_{n,v'}$ mit n>1) in den ersten angeregten Zustand ($S_{1,v'}$) und der nachfolgenden schnellen Schwingungsrelaxation in den Schwingungsgrundzustand des ersten angeregten Zustandes geht die Fluoreszenz in der Regel vom $S_{1,0}$-Zustand aus (vgl. Kapitel 1.3). Allgemein wird diese Beobachtung durch die Regel von **Kasha** [Ka 50] wiedergegeben:

Regel von Kasha

Die Emission von Licht erfolgt unabhängig vom Anregungsprozeß ausschließlich vom niedrigsten angeregten elektronischen Zustand der jeweiligen Multiplizität.

Die hier getroffene Aussage einer ausschließlichen Fluoreszenz aus dem niedrigsten Schwingungszustand des ersten angeregten Singulettzustand (und, entsprechend, der Phosphoreszenz aus dem ersten angeregten Triplettzustand) unabhängig von der Anregungswellenlänge, gilt für die große Mehrheit der organischen Moleküle. Eine Ausnahme bilden z.B. Azulene und seine Derivate [z.B. Wo 88, Ru 63], die eine S_2-Fluoreszenz aufweisen sowie einige Metalloporphyrine [Ba 71, Ku 84], bei denen sowohl eine S_1- wie auch eine S_2-Fluoreszenz beobachtet wurde.

Da in Konkurrenz zur Fluoreszenz eine Reihe weiterer Desaktivierungsprozesse ablaufen, erhält man im Experiment stets nur eine Aussage über die Fluoreszenzlebensdauer unter den speziellen, für das Experiment gewählten Bedingungen. Somit kann die *experimentelle Fluoreszenzlebensdauer* (τ_{Fl}) in Abhängigkeit von der Wahl des Lösungsmittels, der Temperatur oder der Mikroumgebung des fluoreszierenden Moleküls wesentlichen Änderungen unterliegen. Klingt die Fluoreszenzintensität (I) mit der Zeit nach einem einfach exponentiellen Gesetz ab, gilt für die experimentelle Fluoreszenzlebensdauer:

$$I(t) = I_0 \exp(-t / \tau_{Fl}) \tag{2.12}$$

mit I_0 als Fluoreszenzintensität zum Zeitpunkt $t = 0$. Mit dieser Vorbetrachtung können wir schreiben:

$$\tau_{Fl} = \Phi_{Fl} \cdot \tau_{RF} \qquad \text{bzw.:} \qquad \tau_{Fl} = (k_{Fl} + k_{ISC} + k_{IC})^{-1} \tag{2.13}$$

worin τ_{RF} die Strahlungslebensdauer des angeregten Singulettzustandes, Φ_{fl} die gemessene Fluoreszenzquantenaubeute und k_{ISC}, k_{IC} die Ratenkonstanten für die konkurrierenden strahlungslosen (monomolekularen) Desaktivierungsprozesse sind. In Lösung werden in der Regel für Moleküle Fluoreszenzlebensdauern im Bereich um $\tau_{Fl} \approx 10^{-9}\,\text{s}$ gemessen, während die Strahlungslebensdauer um Größenordnungen ($\tau_R \approx 10^{-6}\,\text{s}$) darüber liegen kann. Für die Fluoreszenzquantenausbeute folgt dann entsprechend:

$$\Phi_{Fl} = \tau_{Fl} / \tau_{RF} \tag{2.14}$$

2.2.1.2 Phosphoreszenz

Als Phosphoreszenz bezeichnet man emissive Übergänge zwischen Zuständen unterschiedlicher Multiplizität. Wie im Fall der Fluoreszenz kann auch hier die Effizienz über die Quantenausbeute bewertet werden. Für reguläre Moleküle, bei denen der Grundzustand Singulettcharakter besitzt, erfolgt die Phosphoreszenz aus dem ersten angeregten Triplettzustand (T_1).

Die Bestimmung der experimentellen *Phosphoreszenzlebensdauer* ($\tau_{Ph.}$) stellt sich etwas komplizierter dar als im Fall der Fluoreszenz. Die Ursache hierfür liegt darin, daß eine direkte Anregung von T_1 spinverboten ist. Somit kann eine Besetzung nur über Interkombination (ISC) aus dem S_1-Zustand erfolgen. Entsprechend ist auch die Entleerung von T_1 über Phosphoreszenz spinverboten. Aus dem Postulat, daß ein Zustand, der direkt nur sehr schwer zu besetzen ist, auch nur sehr schwer zu entvölkern ist, folgt unmittelbar als Konsequenz eine gegenüber dem S_1-Zustand wesentlich längere Lebensdauer des T_1-Zustandes im Bereich von Mikrosekunden bis Minuten. Mit dieser langen Lebensdauer wird der Triplettzustand vorzugsweise Ausgangspunkt für Energie- und Elektronen-Transferprozesse und damit bedeutsam für die gesamte Photobiophysik und Photochemie.

Wenn der T_1-Zustand über einen ISC - Prozeß der Art $S_1 \rightarrow T_1$ besetzt wird und der Triplettzustand nur durch monomolekulare Prozesse entleert wird, erhält man für die (gemessene) Phosphoreszenzlebensdauer:

$$\tau_{Ph.} = \tau_{RT} \, (\Phi_{Ph} \, / \, \Phi_{ISC}) \tag{2.15}$$

worin τ_{RT} die Strahlungslebensdauer, Φ_{Ph} die Phosphoreszenzquantenaubeute und Φ_{ISC} die Quantenausbeute der Interkombination, d.h. der Besetzung des Triplettzustandes, sind.

Aus den gemessenen Größen $\tau_{Fl.}$, $\tau_{Ph.}$, Φ_{Ph} und Φ_{Fl} sowie einer zusätzlichen, unabhängigen Bestimmung der Triplettkonzentration (Φ_{ISC}) können die Strahlungslebensdauern (τ_R) und die Summe der Ratenkonstanten für die strahlungslosen Desaktivierungsprozesse bestimmt werden.

2.2.1.3 Verzögerte Fluoreszenz

Zusätzlich zur Phosphoreszenz kann der Triplettzustand über zwei weitere strahlende Mechanismen entleert werden, die unter dem Begriff "verzögerte Fluoreszenz" zusammengefaßt werden.

◯ E-Typ der verzögerten Fluoreszenz

In diesem Fall kann die verzögerte Fluoreszenz nach thermischer Wiederbesetzung von S_1 aus T_1 in einem ISC-Prozeß (Schema 2.3) entstehen. Da diese Art der verzögerten Fluoreszenz erstmals bei Eosin beobachtet wurde, wird sie als *"E-Typ"* bezeichnet. Voraussetzung für das Auftreten dieser Form der strahlenden Desaktivierung ist eine geringe Energielücke (< 40 kJ/mol) zwischen S_1- und T_1-Zustand. Die spektrale Verteilung der Fluoreszenz aus dem neu bevölkerten S_1-Zustand ist identisch mit der der prompten Fluoreszenz, hat jedoch eine Lebensdauer, die der des ersten Triplettzustandes entspricht.

$$
\begin{array}{ccccccc}
 & h\nu & & \text{ISC} & & \text{ISC }(\Delta^-) & \\
S_0 & \dashrightarrow & S_1 & \rightsquigarrow & T_1 & \rightsquigarrow & S_1 \\
 & & \downarrow & & \downarrow & & \downarrow \\
 & \text{Fluoreszenz} & & \text{Phosphoreszenz} & & \text{verzögerte Fluoreszenz}
\end{array}
$$

Schema 2.3: Darstellung zur E-Typ - Fluoreszenz

Da der S_1-Zustand thermisch wiederbesetzt wird, nimmt die Intensität der E-Typ Fluoreszenz mit der Temperatur zu. Die Aktivierungsenergie korrespondiert dabei mit der Energielücke zwischen dem S_1- und T_1-Zustand.

○ P-Typ der verzögerten Fluoreszenz

Obwohl es sich hierbei um einen bimolekularen Prozeß handelt, soll er der Vollständigkeit und Logik wegen an dieser Stelle erläutert werden. Voraussetzung für den *P-Typ* (benannt nach Pyren, an dem diese Fluoreszenz erstmals beobachtet wurde) der verzögerten Fluoreszenz sind zwei angeregte Moleküle deren Triplettlebensdauer (bzw. Konzentration) so groß ist, daß ein Zusammenstoß erfolgen kann (Schema 2.4).

$$T_1 + T_1 \longrightarrow S_1^v + S_0^v \longrightarrow S_1 + S_0$$
$$\downarrow$$
$$\text{verzögerte Fluoreszenz}$$

Schema 2.4: Darstellung zur P-Typ - Fluoreszenz

Dabei stellen S_1^v und S_0^v Schwingungsanregungszustände von S_1 und S_0 dar.
Da es sich um einen biphotonischen Prozeß handelt, hängt die Intensität der verzögerten Fluoreszenz vom Quadrat der Anregungsintensität ab. Diese Beziehung dient als prinzipieller Test zur Unterscheidung von E- und P - Typ Fluoreszenz. Eine Analyse der Kinetik der in Schema 2.4 dargestellten Prozesse ergibt eine Emissionsintensität, die nach einem einfach exponentiellen Gesetz abklingt. Die Lebensdauer (τ_{DF}) beträgt $\tau_{DF} = 1/2\ \tau_{Ph}$. Diese Beziehung gilt jedoch nur dann exakt, wenn andere Mechanismen der Triplett-Triplett-Desaktivierung wie z.B. die strahlungslose Triplett-Triplett-Annihilation nicht auftreten.

2.2.2 Strahlungslose Desaktivierung

Die strahlunglose Desaktivierung eines angeregten Zustandes beinhaltet die Umwandlung elektronischer Anregungsenergie in Schwingungs- oder Rotationsenergie des Moleküls oder seiner Umgebung und muß somit als

Versagen der Born-Oppenheimer Näherung angesehen werden (vgl. 2.1.1). Sie kann als Zwei-Stufen-Mechanismus aufgefaßt werden, bei dem eine Umwandlung in Schwingungsenergie und eine Übertragung auf die Umgebung erfolgt. In der Regel wird der erste Schritt als der die Geschwindigkeit bestimmende Faktor angesehen. Ein Beispiel dafür ist die Robinson-Frosch-Theorie, die auf der Bestimmung von Franck-Condon-Faktoren basiert und die formale Analogie zur Theorie strahlender Übergänge nutzt [Ro 74]. Gouterman entwickelte hingegen eine Theorie, bei der der Energietransfer zur Umgebung der bestimmende Faktor ist. Derartige Prozesse konnten bisher nur für Übergangsmetallkomplexe, nicht jedoch für aromatische Moleküle beobachtet werden, so daß wir sie für unsere Betrachtungen nicht berücksichtigen werden.

Da die theoretische Beschreibung strahlungsloser Desaktivierungsprozesse außerordentlich komplex [Me 95] ist und ihre Darstellung weit über den Rahmen dieser Einführung hinausgehen würde, sollen an dieser Stelle nur einige orientierende Bemerkungen zu dieser Problematik gemacht werden.

Das Auftreten und die Bedeutung strahlungsloser monomolekularer Desaktivierungsprozesse kann durch eine Reihe experimenteller Befunde belegt werden. Ein wesentlicher Hinweis ist die Tatsache, daß die Fluoreszenzquantenausbeute von Molekülen bezogen auf die $S_0 \rightarrow S_1$ - Absorption immer kleiner als eins ist [So 84]. Weiterhin muß nach Anregung in höher angeregte Singulettzustände entsprechend der Regel von Kasha (vgl. Punkt 2.3.1.1) ein schneller strahlungsloser Übergang in den ersten angeregten Singulettzustand erfolgen. Ebenso müssen schnelle strahlungslose Relaxationen aus höher angeregten Triplettzuständen, die über $T_1 \rightarrow T_n$ Absorptionen erreicht werden können, existieren. Diese Prozesse des strahlungslosen Überganges zwischen elektronischen Zuständen gleicher Multiplizität bezeichnet man als innere Umwandlung oder *"internal conversion" (IC)*.

Nach $S_0 \rightarrow S_1$ Anregung wird oftmals eine $T_1 \rightarrow S_0$ Phosphoreszenz beobachtet, bzw. kann eine $T_1 \rightarrow T_n$ Absorption erfolgen. Das bedeutet, daß ein strahlungsloser Relaxationsprozeß $S_1 \rightsquigarrow T_1$, der als Interkombination oder *intersystem crossing (ISC)* bezeichnet wird, existieren muß.

2.2.2.1 Innere Umwandlung (IC)

Der Mechanismus strahlungsloser Desaktivierungsprozesse wird bestimmt durch die Art der Kopplung zwischen Anfangs- ($g = kl$) und Endzuständen ($\gamma = k'l'$), wobei jeder Mechanismus seine eigenen Auswahlregeln besitzt. Die Kopplung zwischen beiden Zuständen wird durch die Matrixelemente des Übergangs-

Operators (R) beschrieben. Wenn nur Zustände gleicher Energie gestattet sind, ist der Übergangs-Operator identisch mit dem Operator für die intramolekulare Kopplung (V) der die nichtadiabatische (L), die Spin-Bahn- (U_{SB}) und die Coriolis-Kopplung (T_{cor}) einschließt:

$$V = L + U_{SB} + T_{cor} \qquad\qquad (2.16)$$

Im Fall des Überganges zwischen Zuständen gleicher Multiplizität (IC) ist das Matrixelement des nichtadiabatischen Operators (L) ungleich Null. Sein elektronischer Anteil ist in der Größenordnung der Schwingungsenergie, welche in großen Molekülen wesentlich die Größenordnung der Spin-Bahn-Kopplung und der Coriolis-Kopplung übersteigt. Deshalb können bei der Berechnung der Matrixelemente von V für Übergänge zwischen Zuständen gleicher Multiplizität für große Moleküle die Spin-Bahn- und die Coriolis-Kopplung vernachlässigt werden. Die nichtresonante nichtadiabatische Kopplung ist ebenfalls sehr schwach im Vergleich zur resonanten Kopplung. Deshalb erhalten wir für den Prozeß der inneren Umwandlung einfach:

$$R_{kl\,k'l'} = L_{kl\,k'l'} \qquad\qquad (2.17)$$

Somit ist der strahlungslose Übergang zwischen Zuständen gleicher Multiplizität durch eine resonante nichtadiabatische Kopplung charakterisiert.
Zusätzlich zu diesem nichtadiabatischen Mechanismus können die Spin-Bahn-induzierte Triplett-Triplett-IC sowie die Coriolis-induzierte Singulett-Singulett-Umwandlung (in der Regel vernachlässigbare) Beiträge zur Ratenkonstante des IC-Prozesses liefern, die zudem rotationsabhängig sind.

2.2.2.2 Interkombination (ISC)

Obwohl der Übergang zwischen Zuständen unterschiedlicher Multiplizität einem Spinverbot unterliegen (vgl. Kapitel 1.3.3), können sie dennoch für eine Reihe von Molekülen mit unterschiedlichen, teilweise sehr hohen Ausbeuten beobachtet werden. Von besonderer Bedeutung sind dabei die Interkombinationsübergänge zwischen dem ersten angereten Triplettzustand und dem ersten angeregten Singulettzustand bzw. dem Grundzustand der Moleküle: $S_1 \rightarrow T_1 \rightarrow S_0$. Für einige zyklische Tetrapyrrole erreicht die Quantenausbeute für den Übergang ($S_1 \rightarrow T_1$) Werte von $\Phi_{ISC} > 0{,}5$. Diese hohen Quantenausbeuten sind nur aufgrund einer Lockerung des Spinverbotes möglich, das durch eine wachsende elektronische

Kopplung zwischen dem Triplett- und Singulettzustand, eine geringe Energiedifferenz zwischen beiden elektronischen Zuständen sowie die Spin-Bahn-Kopplung verursacht werden kann.

Der Mechanismus des Interkombinationsprozesses wurde eingehend von Henry [He 73] und Siebrand [Si 76] behandelt. Zwischen Zuständen unterschiedlicher Multiplizität verschwindet das Übergangsmatrixelement des Nichtadiabasie - Operators, da L auf Spin-Variable nicht angewendet werden kann. Somit wird die Interkombination (in der Störungstheorie erster Ordnung) durch die adiabatische *Spin-Bahn-Kopplung* möglich und damit die Spinauswahlregel gelockert.

Unter Berücksichtigung der *Condon - Approximation*[2] erhält man die direkte Spin-Bahn-Kopplung. Dieser Mechanismus ist außerordentlich sensitiv gegenüber Schweratomen im Molekül, da die Spin-Bahn-Wechselwirkung mit steigender Atomzahl zunimmt. Dieser *innere Schweratomeffekt* wurde für eine Reihe verschiedenster Moleküle nachgewiesen. Daneben kann durch Schweratome im Lösungsmittel die Spin-Bahn-Kopplung verstärkt werden (*äußerer Schweratomeffekt*).

An dieser Stelle ist es angebracht, die Regel von El-Sayed [El 75] einzuführen. Sie besagt, daß die ISC-Ratenkonstante um zwei bis vier Größenordnungen höher für $n\pi* \leftrightarrow \pi\pi*$ als für $n\pi* \leftrightarrow n\pi*$ und $\pi\pi* \leftrightarrow \pi\pi*$ Übergänge ist. Dies ist insbesondere für aromatische Kohlenwasserstoffe, wie z.B. *Tetrapyrrole*, von Bedeutung, da deren Planarität eine Annulierung des Ein-Zentrum-Integrals im elektronischen Spin-Bahn-Matrixelement [Am 88] hervorruft, so daß es kleiner $1 cm^{-1}$ für Übergänge zwischen gleichen Konfigurationen ($\pi\pi* \leftrightarrow \pi\pi*$) wird, während es eine Größe von ca. $50 cm^{-1}$ erreichen kann, wenn unterschiedliche Konfigurationen beteiligt sind.

---

[2] Condon-Approximation: weit verbreitete Näherung in der Theorie strahlungloser Übergänge, beinhaltet die Faktorisierung der Matrixelemente eines Operators (A) in ein Produkt der Form $A_{kl\,k'l'} = A_{kk'}\,S_{kl\,k'l'}$. Dabei sind $A_{kk'}$ ein rein elektronischer Faktor und $S_{kl\,k'l'}$ das Überlappungsintegral der Schwingungswellenfunktionen des Initial- und des Endzustandes. In dieser Näherung wird der Einfluß der Kernbewegung auf die strahlungslosen Übergänge durch den *Franck-Condon-Faktor* ($F_{kl\,k'l'} = S^2{}_{kl\,k'l'}$) beschrieben.

2.3   Beispiel - Elektronische Eigenschaften von Tetrapyrrolen

Die elektronischen Eigenschaften der zyklischen Tetrapyrrole werden wesentlich von dem ausgedehnten π-Elektronensystem des Makrozyklus geprägt. Aus diesem Grund lassen sich die wesentlichen Charakteristika ihrer Absorptions- und Fluoreszenzspektren verallgemeinernd darstellen. Auf diesem Hintergrund ist das seit Jahrzehnten bestehende Interesse an der Entwicklung von Modellen zur Berechnung der elektronischen Spektren von diesen Aromaten zu sehen. Ein erstes brauchbares Modell, das sich auf ein Polyen mit 18 Kohlenstoffatomen bezog, wurde von Simpson entwickelt [Si 49]. Es gelang ihm mit diesem Modell, die Energierelationen der einzelnen elektronischen Übergänge sowie die Banden des Absorptionsspektrums annähernd richtig zu beschreiben. Longuet-Higgins [Lo 58] wandte für seine Modellrechnungen an Porphyrin - π - Orbitalen die LCAO[3]-Methode an. Er erhielt ebenfalls annähernd richtige Energien für die Übergänge, konnte in dem Modell jedoch nicht die unterschiedliche Intensität der einzelnen Übergänge erklären. 1959 schlug Gouterman [Go 59, 61] sein bis heute verwendetes Vier-Orbitalmodell zur Interpretation von Absorptionsspektren der Tetrapyrrole vor. Obwohl dieses Modell eine starke Vereinfachung darstellt, da im Bereich der Soret-Bande eine Reihe elektronischer Übergänge mit unterschiedlichen Dipolmomenten stattfindet, lassen sich doch, wie Petke et al. in ab-initio-Rechnungen für verschiedene Porphyrine, Chlorophylle und Phorbide [Pe 79: Rechnungen für *Phäophorbid* a] zeigten, die wesentlichen Eigenschaften der elektronischen Spektren mit diesem einfachen Modell erklären.

Im Vier-Orbital-Modell bestimmen die Eigenschaften der vier betrachteten Orbitale - der zwei höchsten besetzten (HOMO) und der zwei niedrigsten leeren (LEMO) π - Orbitale die Intensitätsänderungen und Energieverschiebungen. Ausgehend von gruppentheoretischen Überlegungen [zur Gruppentheorie: En 96] behandelt Gouterman zyklische Polyene mit 4v oder (4v+2) C-H-Gruppen, die entsprechend eine $D_{4v,h}$ - bzw. $D_{4v+2,h}$ -Symmetrie aufweisen. Gruppentheoretische Betrachtungen zeigen außerdem, daß von den vier möglichen Übergängen zwei verboten sind. Im Fall der $D_{4v,h}$ - Symmetrie sind die Übergänge zudem noch

---

[3]LCAO: Linear Combination of Atomic Orbitals

entartet. Eine Anwendung dieser Überlegungen auf Porphyrine zeigte, daß die Zustände eines Metalloporphyrins denen eines zyklischen Polyens mit 16 Kohlenstoffatomen ähneln müssen. Da die verbotenen Übergänge entartet sind, liegt für Metalloporphyrine ebenso wie für zyklische Polyene mit 4v C-H-Gruppen eine $D_{4v,h}$ - Symmetrie vor. Im Gegensatz dazu stabilisieren im Porphyrin ohne Zentralatom die beiden gegenüberliegenden Wasserstoffatome den 18-atomigen Ring. Demzufolge liegt eine $D_{4v+2,h}$-Symmetrie vor und die beiden verbotenen Übergänge (Q_x und Q_y) spalten auf. Die Zuordnung der einzelnen Übergänge erfolgt durch Definition der x-Achse in Richtung der beiden Wasserstoffatome, die das π-Elektronensystem in dieser Richtung beeinflussen. Diese Wechselwirkung führt zu einer Intensitätsabnahme des entlang der x-Achse ausgerichteten Überganges, womit der Übergang mit der geringeren Oszillatorstärke als Q_x - Übergang festgelegt wird. Entsprechend steht die y-Achse in der Ebene des Ringsystems senkrecht zur x-Achse.

Nach dem Modell von Gouterman wird das UV-Vis-Spektrum der Porphyrine mit der Soret-Bande (B-Bande) und den Q-Banden mit jeweils zwei Banden approximiert, die als B_x, und B_y sowie Q_x und Q_y Banden bezeichnet werden. Die Indizierung folgt den oben eingeführten Koordinatenachsen. Entsprechend den angeführten Symmetriebetrachtungen werden für Metalloporphyrine ($D_{4v,h}$-Symmetrie) im Q-Banden-Bereich zwei Banden beobachtet, die den Übergängen

$$S_0 \rightarrow S_{10} = Q_y(0,0) \text{ und } S_0 \rightarrow S_{20} = Q_x(0,0)$$

zugeordnet werden (vgl. Pkt.1.3 und Kapitel 2). Entsprechend wird für metallfreie natürliche Tetrapyrrole ($D_{4v+2,h}$-Symmetrie) ein Aufspalten der beiden Q-Banden in je zwei Schwingungsbanden beobachtet:

$$S_0 \rightarrow S_{10} = Q_y(0,0) \text{ und } S_0 \rightarrow S_{11} = Q_y(0,1)$$
$$S_0 \rightarrow S_{20} = Q_x(0,0) \text{ und } S_0 \rightarrow S_{21} = Q_x(0,1)$$

In Abb. 2.3 ist diese Darstellung am Beispiel des Absorptionsspektrums von Phäophorbid a illustriert.

Wie die meisten natürlichen Tetrapyrrole weist auch das Ringsystem des Phäophorbid a eine planare Struktur auf. Die Dipolmomente für die $S_0 \rightarrow S_1$ und $S_0 \rightarrow S_2$ Übergänge liegen in der Ebene des Ringsystems, sind aber unterschiedlich gerichtet. Der S_1- Übergang ist in y-Richtung, der S_2- Übergang in x-Richtung polarisiert. Deutlich zu erkennen ist die intensive $Q_y(0,0)$ Bande. Das bedeutet, daß für Phäophorbid a der Übergang vom Grundschwingungszustand des elektronischen Grundzustandes (S_{00}) in den Grundschwingungszustand des ersten angeregten Singulettzustandes (S_{10}) am intensivsten ist.

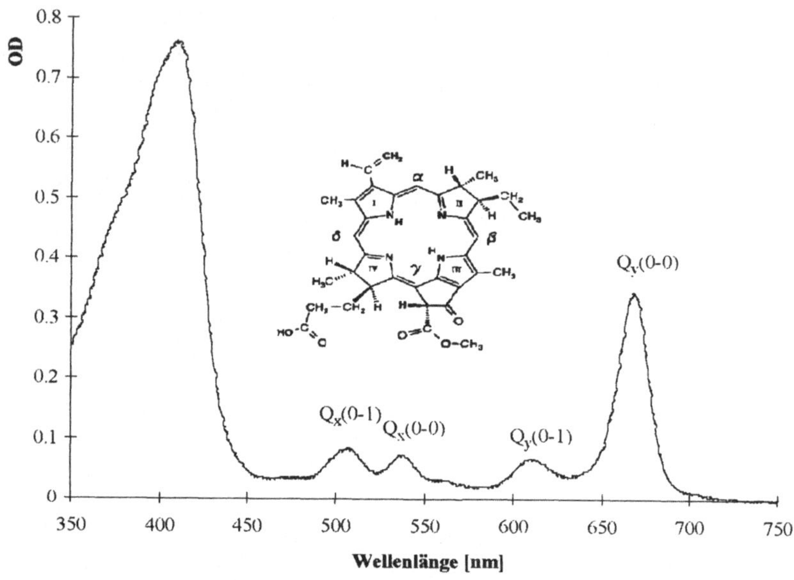

Abb. 2.3: Absorptionsspektrum von Phäophorbid a - Monomeren (in Ethanol)

Nach unseren unter 2.1.2 durchgeführten Betrachtungen ändert sich somit die Kernkonfiguration des Moleküls bei diesem Übergang nicht. Bei Chlorophyllen und Phorbiden beträgt ihre Intensität ca. 50% der Intensität in der Soret-Bande. Demgegenüber ist die Intensität des $S_0 \rightarrow S_1$ Überganges bei Porphyrinen generell wesentlich geringer und beläuft sich auf Werte $\leq$ 10% der Intensität in der Soret-Bande. Dieser wesentliche Unterschied ist mit dem Vorhandensein des Zyklopentanonringes (Ring V) in den Chlorophyllen zu erklären [Do 78].

Aus dem Absorptionsspektrum können unter Anwendung des Lambert-Beerschen Gesetzes (1.2.3) der molare Extinktionskoeffizient und der Absorptionsquerschnitt für eine beliebige Wellenlänge berechnet werden.

Für das Maximum des $S_0 \rightarrow S_{10}$-Überganges ($Q_y(0,0)$ - Bande) bei 667nm erhalten wir : $\varepsilon = 4{,}45 \cdot 10^4$ cm^{-1}M^{-1} und $\sigma_{S0} = 1{,}7 \cdot 10^{-16}$cm^2. Unter Nutzung der in Kapitel 2 angeführten Gleichungen können mit stationärer und zeitaufgelöster Emissionsspektroskopie sowie zeitaufgelöster Absorptionsspektroskopie weitere Parameter zur Charakterisierung der elektronischen Zustände des Moleküls bestimmt werden:

- Aus stationären und zeitaufgelösten Fluoreszenzmessungen werden die Fluoreszenzquantenausbeute und -abklingzeit bei 298K bestimmt: $\Phi_{fl} = (0{,}28 \pm 0{,}02)$ und $\tau_{Fl} = 5{,}9$ ns. Daraus wird die Ratenkonstante $k_{fl} = \tau_{Fl}^{-1} - (k_{IC} + k_{ISC}) = 4{,}3 \cdot 10^7$ s^{-1} berechnet.

- Aus zeitaufgelösten Absorptionsmessungen angeregter Moleküle (Transientenabsorption) [Rü 97], [Zi 97] kann die ISC-Quantenausbeute ermittelt werden. Sie beträgt für unser Molekül: $\Phi_{ISC} = (0{,}64 \pm 0{,}06)$, woraus für die Ratenkonstante folgt: $k_{ISC} = \tau_{Fl}^{-1} \cdot \Phi_{ISC} = 1{,}08 \cdot 10^8$ s^{-1}

- Unter Kenntnis dieser beiden Quantenausbeuten kann die Quantenausbeute für den strahlungslosen Übergang vom ersten angeregten Singulettzustand in den Grundzustand $[\Phi_{IC} = 1 - (\Phi_{ISC} + \Phi_{fl})]$ berechnet werden: $\Phi_{IC} = 0{,}08$. Für die Ratenkonstante folgt: $k_{IC} = \tau_{Fl}^{-1} \cdot \Phi_{IC} = 1{,}3 \cdot 10^6$ s^{-1}

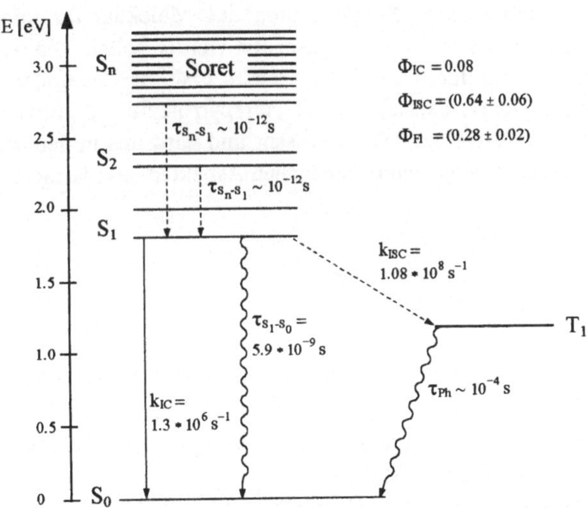

Abb. 2.4: Jablonski-Diagramm für Phäophorbid a

- Da der Triplettzustand von Tetrapyrrolen sehr schnell von molekularem Sauerstoff über einen Energietransferprozeß gelöscht wird (vgl. Kapitel 5), ist es sehr schwierig, unter Normalbedingungen die Phosphoreszenz aus dem ersten angeregten Zustand von Tetrapyrrolen nachzuweisen. Da dieser Energietransfer für Porphyrine mit einer Effizienz von nahezu 100% erfolgt, kann der zeitaufgelöste Nachweis der Singulettsauerstofflumineszenz zur Bestimmung der Triplettlebensdauer des Porphyrins unter den gegebenen experimentellen Bedingungen genutzt werden. Diese ergibt sich dann aus dem Anklingen der Singulettsauerstofflumineszenz (Kapitel 5). Wir erhalten $\tau_{Ph} \approx 10^{-4}$ s.

Unter Kenntnis der stationären Spektren, die uns Informationen über die energetische Lage der elektronischen Übergänge liefern, sind wir nun in der Lage, für das untersuchte Molekül ein Jablonski-Diagramm (Abb. 2.4) aufzustellen.

Diese Art der Zusammenfassung elektronischer Parameter ist sehr hilfreich, wenn z.B. die potentiellen Möglichkeiten des Moleküls für konkrete Energie- oder Elektronentransferprozesse abgeschätzt werden sollen. Die relative Effizienz beider Prozesse kann durch die Substituenten bzw. das Zentralatom moduliert werden (Kapitel 2). Diese Tatsache macht Tetrapyrrole für die Entwicklung biomimetischer Systeme außerordentlich interessant und wird uns in den verschiedenen Kapiteln dieses Buches unter unterschiedlichen Aspekten beschäftigen.

2.4   Literatur

[Ba 71] Bajema L., Gouterman M.: J.Mol.Spectr. 39 (1971) 421.

[El 75] El-Sayed M.A.: Annu. Rev.Phys. Chem. 26 (1975) 235.

[En 96] Engelke F.: Aufbau der Moleküle, Teubner Studienbücher Chemie, B.G.Teubner Stuttgart 1996

[Go 59] Gouterman M.: J.Chem.Phys. 30 (1959) 1139

[Go 61] Gouterman M.: J.Mol.Spectr. 6 (1961) 138

[He 73] Henry B.R., Siebrand W.: Radiationless Transitions, in: Organic Molecular Photophysics, ed.: J.B.Birks, Vol.1, Wiley, London 1973, S.153.

[Ka 50] Kasha M.: Disc. Faraday Soc. 9 (1950) 14

[Ku 84] Kurabayashi Y., Kikuchi K., Kokubun H., Kaizu Y., Kobayashi H.: J.Phys.Chem. 88 (1984) 1308.

[Lo 50] Longuet-Higgins H.C.: J.Chem.Phys. 18 (1950) 1174

[Me 95] Medvedev E.S., Osherov V.I.: Radiationless Transitions in
         Polyatomic Molecules, Springer Ser. in Chem Phys. 57,
         Springer-Verlag 1995

[Mu 39] Mulliken R.S.: J.Chem.Phys. 7 (1939) 14

[Ro 74] Robinson G.W.: Molecular electronic radiationless transitions,
         in: Excited States, ed.: E.C.Lim, Vol.1, Academic, New York
         1974, S.1-34

[St 62] Strickler S.J., Berg R.A.: J.Chem.Phys. 37 (1962) 814

[Pe 92] Perkampus H.H.: UV-VIS Spectroscopy and ist applications.
         Springer Verlag Berlin, Heidelberg, New York, 1992

[Rü 97] Rückmann I., Petrauskas M., Korth O., Hanke Th., Röder B.:
         Opt. Comm. 134 (1997) 379

[Ru 63] Ruzevich Z.S.: Opt.Spektrosk. 15 (1963) 357
         (engl.: Opt. Spectrosc. (USSR) 15 (1963) 191)

[Si 76] Siebrand W.: Nonradiative processes in molecular systems, in
         Dynamics of Molecular Collisions, ed.: W.H.Miller, Modern
         Theoretical Chemistry, Vol. 1, Part A, Plenum, New York 1976,
         S. 249-302

[Si 49] Simpson W.T.: J.Chem.Phys.12 (1949) 1218

[So 84] Sonnenschein M., Amirav A., Jortner J.:
         J.Phys. Chem. 88 (1984) 4214

[Wo 88] Woundenberg T.M., Kulkarni S.K., Kenny J.E.:
         J.Chem.Phys. 89 (1988) 2789

[Zi 97] Zimmermann J., v.Gersdorff J., Kurreck H., Röder B.:
         J.Photochem.Photobiol.B:Biology 40 (1997) 209

3   Energietransfer-Prozesse

Neben den in Kapitel 2 ausführlich diskutierten monomolekularen Mechanismen tragen auch bimolekulare Prozesse wesentlich zur Desaktivierung eines Moleküls nach elektronischer Anregung bei. Prinzipiell lassen sich *Energie-* und *Ladungstransfer* unterscheiden. Bevor wir uns der Diskussion und Betrachtung einiger interessanter Beispiele aus der Photobiophysik zuwenden, sollen zunächst die theoretischen Grundlagen in komprimierter Form dargelegt werden.

Unter Energietransferprozessen versteht man die Übertragung von Anregungsenergie von einem Molekül zu einem anderen - *intermolekularer Energietransfer*, oder innerhalb eines Moleküls von einem Chromophor zu einem anderen - *intramolekularer Energietransfer*. Während der Transfer von Schwingungs- und Rotationsenergie recht gut mit dem Bild des gequantelten Momententransfers beschrieben werden kann, ist für die Beschreibung des Transfers elektronischer Energie eine eigene Theorie erforderlich.

Der elektronische Energietransfer kann allgemein wie im folgenden Schema dargestellt, beschrieben werden:

$$D + h\nu_D + A \rightarrow D^* + A \rightarrow D + A^* \rightarrow \text{Reaktion} \tag{3.1}$$

Nach der Absorption eines Lichtquants geht das Donatormolekül (D) in einen angeregten Zustand (D*) über. Die Übertragung der Energie zum Akzeptormolekül (A) kann aus verschiedenen angeregten Zuständen des Donators (Kapitel 1) und über unterschiedliche Mechanismen erfolgen. Das angeregte Akzeptormolekül (A*) schließlich wird dann physikalisch oder in einer chemischen Reaktion desaktiviert.

3.1   Trivialer Energietransfer

Der einfachste Fall ist der triviale- oder *Strahlungs-Energietransfer*, bei dem keine direkte Wechselwirkung von Donator- und Akzeptormolekülen stattfindet. Die Lebensdauer des angeregten Donatormoleküls wird durch den Akzeptor nicht beeinflußt. Das angeregte Donatormolekül emittiert ein Lichtquant, welches vom

Akzeptormolekül absorbiert wird:

$$D^* + A \rightarrow D + h\nu_{D^*} + A \rightarrow D + A^* \tag{3.2}$$

Die Wahrscheinlichkeit (W) des Prozesses hängt von der gegenseitigen Orientierung der Donator- und Akzeptormoleküle sowie vom Abstand (r) der Donator- und Akzeptormoleküle (also von der Konzentration) mit $W \sim r^{-2}$ ab. Wegen dieser, im Vergleich zu anderen Energietransferprozessen, sehr langsamen Abnahme der Effizienz mit dem Donator-Akzeptor-Abstand kann er in stark verdünnten Lösungen zum dominanten Energietransfermechanismus werden.

3.2 Strahlungsloser Energietransfer

Diese Form des Energietransfers kann teilweise über Entfernungen bis zu 15 nm erfolgen, d.h. unter bestimmten Bedingungen lassen sich diese Prozesse auch in Lösung beobachten, in denen die Donator- und Akzeptormoleküle nicht nur wegen der Van der Waals Abstoßung, sondern auch durch Lösungsmittelmoleküle voneinander separiert sind. Wie wir im weiteren sehen werden, können unterschiedliche Mechanismen zur strahlungslosen Energieübertragung führen, wobei jedoch vor allem der *Förster-Transfer* für biologische Systeme von Interesse ist.

Prinzipiell können Energietransferprozesse in *kohärente* und *inkohärente* Prozesse unterteilt werden. Im kohärenten Fall sind die Phasen der Anregung der Moleküle miteinander korreliert. Diese Art des Transfers tritt z.B. in molekularen Kristallen auf, in denen $[A] \geq [D]$ ist. Im inkohärenten Fall hingegen, der in der Photobiophysik eine bedeutendere Rolle spielt, klingt die Phasenbeziehung durch die Wechselwirkung mit den Umgebungsmolekülen sehr schnell - in Lösung innerhalb von ps - ab. Das bedeutet, daß erst bei fs-Experimenten das Abklingen der Kohärenz Berücksichtigung finden muß.

Eine allgemeine Theorie zur Beschreibung von nichttrivialen Energietransfermechanismen wurde zuerst von Frenkel in Form der *Exzitonentheorie* für die Festkörperphysik [Fr 31] entwickelt, als er ein Modell zur Beschreibung der schnellen Delokalisation von Energie beim Aufprall eines Teilchens auf eine Festkörperoberfläche suchte. Davydov [Da 51] erweiterte diese Theorie unter Berücksichtigung der Quantenmechanik und übertrug sie auf molekulare Systeme. Als wesentliches Ergebnis dieser Betrachtung ergibt sich die Entstehung einer

Exzitonbande, deren Bandbreite von der Oszillatorstärke der entsprechenden elektronischen Übergänge in den einzelnen Molekülen abhängt und invers proportional zur dritten Potenz des intermolekularen Zentrenabstandes der Moleküle ist. Davydov teilte nun die Transferprozesse nach der Lokalisierung der Exzitonen ein. Bei dieser Einteilung stellen die *freien* Exzitonen und die *lokalisierten* Exzitonen die Grenzfälle dar. Förster [Fö 46] verglich die beiden Fälle mit seinem Modell des *Resonanztransfers* und erweiterte das Modell um einen dritten Spezialfall.

Teilt man nun die Energietransferprozesse nach der Kopplung zwischen Donator- und Akzeptormolekülen mit Hilfe der Abhängigkeiten der Energierelaxationsraten ein, so ergeben sich die folgenden drei Fälle (Abb. 3.1):

① Starke Kopplung

Als Kriterium gilt: $2U / \Delta\varepsilon \gg 1$ [Si 57], wobei $2U$ die Exzitonbandbreite und $\Delta\varepsilon$ die Franck-Condon-Bandbreite der entsprechenden molekularen elektronischen Übergänge in den Einzelmolekülen sind. Die Transferrate kann in diesem Fall größer als 10^{14} s^{-1} werden. Die Kopplung durch eine Dipol-Dipol-Wechselwirkung ist so stark, daß der Energietransfer zwischen den Molekülen schneller stattfindet als die Relaxation in den Grundzustand, d.h. die Anregungsenergie kann weder als beim Akzeptor (A) noch beim Donator (D) lokalisiert betrachtet werden. Davydov spricht in diesem Fall von freien Exzitonen, die über den gesamten D-A-Komplex delokalisiert sind. Diese Art des Energietransfers kann in Farbstoffaggregaten, z.B. PIC-J-Aggregaten [Ko 82] beobachtet werden, in denen eine starke Dipol-Dipol-Wechselwirkung herrscht.

② Schwache Kopplung

Für diesen Fall gilt das Kriterium $2U / \Delta\varepsilon \ll 1$ [Si 57]. Die Energietransferrate ist nicht mehr nur vom Wechselwirkungsterm der Dipol-Dipol-Wechselwirkung, sondern auch quadratisch vom Franck-Condon-Integral über alle Schwingungszustände abhängig.
Die Transferrate liegt bei 10^{11} - 10^{13} s^{-1}. In diesem Fall ist die Wechselwirkung so schwach, daß die Schwingungsrelaxation schneller erfolgen kann, als der Energietransfer aus den elektronischen Zuständen. Davydov spricht in diesem Fall von lokalisierten Exzitonen.

③ Sehr schwache Kopplung (Förster-Transfer)

Förster modifizierte die von Peterson und Simpson eingeführte Klassifizierung, indem er seinen Resonanztransfer als "sehr schwache" Kopplung mit dem Kriterium $U / \Delta\varepsilon' \ll 1$ einfügte. Dabei ist U die Wechselwirkungsenergie der angeregten

Zustände und $\Delta\varepsilon'$ die *individuelle* Schwingungsbandbreite. In diesem Fall sind selbst die Kernschwingungen schneller als der Energietransfer zwischen den Molekülen. Die Anregungsenergie ist im Molekül lokalisiert. Die Energietransferrate ist in vierter Potenz vom Franck-Condon-Integral über alle Schwingungszustände abhängig. Die Energietransferrate liegt im Bereich von $10^6 - 10^{11}\ s^{-1}$.

Obwohl diese Einordnung des Förster-Transfers in der Literatur gebräuchlich ist und auch von Förster selbst in dieser Weise vorgenommen wurde, spiegelt sie den eigentlichen Sachverhalt nicht korrekt wider. Dieser auch als *"Schwingungs-Relaxations-Resonanz-Transfer"* bezeichnete Energietransfer unterscheidet sich grundsätzlich vom im Exziton-Modell beschriebenen Mechanismus. Wie **Förster** zeigte, kann die Theorie des Resonanztransfers quantenmechanisch aus einem Wechselwirkungsmodell für Kontinua [Kr 58] erhalten werden. Die Resonanzenergie-Transferrate ist deshalb proportional zum *Quadrat* der Wechselwirkungsenergie, woraus eine inverse Abhängigkeit von der sechsten Potenz vom Abstand zwischen den beiden wechselwirkenden Molekülen resultiert.

Wegen der sehr unterschiedlichen Abstandsabhängigkeiten ist es von außerordentlicher Bedeutung, insbesondere bei experimentellen Arbeiten, klar zwischen diesen beiden Mechanismen zu unterscheiden.

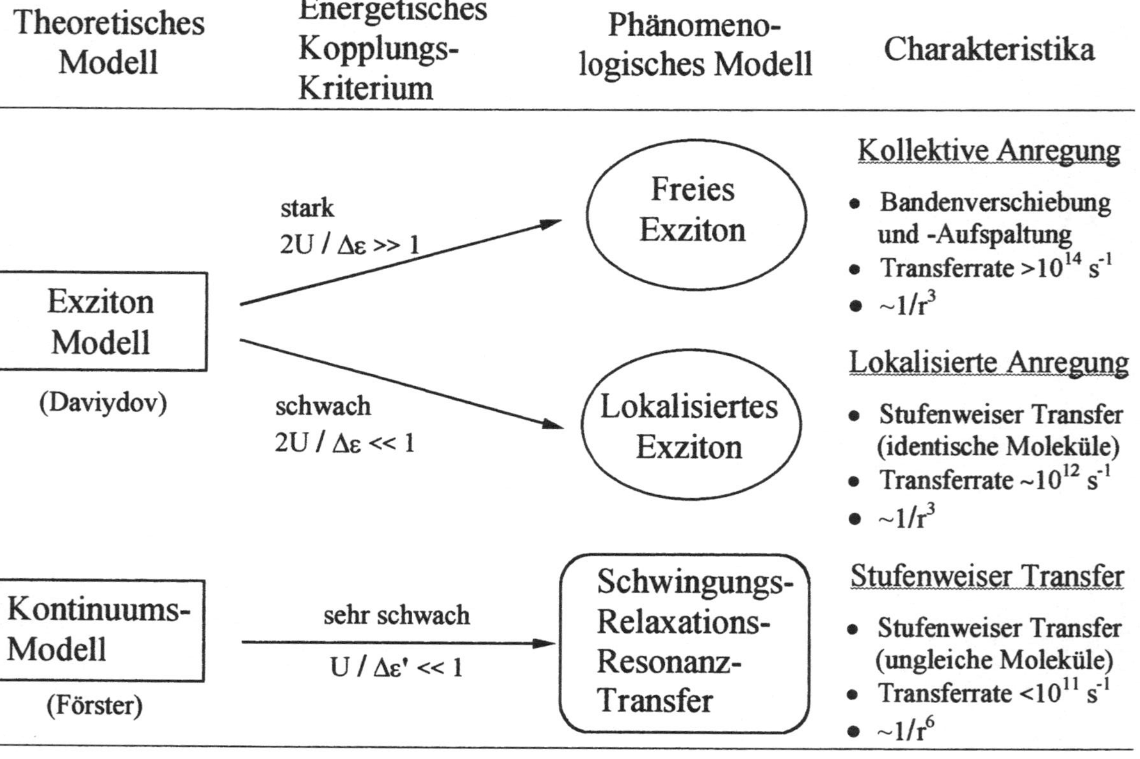

Abb. 3.1: Energietransfer-Mechanismen (nach [Ka 63])

3.2.1 Exzitonische Wechselwirkung bei starker Kopplung

In der Photobiophysik sind molekulare Aggregate von besonderem Interesse, da sie eine Vielzahl biologisch relevanter Funktionen erfüllen (z.B. Antennensysteme in der Photosynthese oder komplexe Proteine). Eine Sonderstellung nehmen hier wiederum Dimere, bestehend aus Molekülen mit einem ausgedehnten planaren π - Elektronensystem ein. Das Interesse an diesem kleinsten möglichen Aggregat resultiert aus der Schlüsselrolle des "*special pair*" im Photosyntheseapparat.

Aus diesem Grund nimmt die Erforschung der elektronischen Eigenschaften von Aggregaten eine zentrale Stellung in der Photobiophysik ein.

Zur Beschreibung exzitonischer Zustände von Dimeren und höheren Aggregaten wurden von Kasha die theoretischen Grundlagen ausgearbeitet [Ka 50], die wir jetzt zur Beschreibung von angeregten Dimeren (d.h. Wechselwirkung zwischen identischen Molekülen) nutzen werden. Voraussetzung eines Ansatzes auf der Basis der Störungstheorie erster Ordnung ist die Annahme, daß die Wellenfunktionen der einzelnen Moleküle nur geringfügig überlappen. Dann läßt sich der Hamilton-Operator des Dimers schreiben als:

$$\mathcal{H}_d = \mathcal{H}_A + \mathcal{H}_D + V_{DA} \tag{3.3}$$

wobei $\mathcal{H}_A$ und $\mathcal{H}_D$ die Monomeroperatoren und V_{DA} der Wechselwirkungsoperator ist. Die Wahrscheinlichkeit eines strahlungslosen Energietransfers von einem Donatormolekül (D) zu einem Akzeptormolekül (A) kann somit mit folgendem Wechselwirkungsoperator beschrieben werden:

$$V_{DA} = \langle \Psi_{D*} \Psi_A | \hat{V} | \Psi_D \Psi_{A*} \rangle \tag{3.4}$$

dabei sind Ψ_D und Ψ_A die Wellenfunktionen der beiden Moleküle im Grundzustand sowie Ψ_{D*} und Ψ_{A*} die der Anregungszustände. V beschreibt die Coulomb-Wechselwirkung zwischen den beiden Molekülen, bzw. deren Elektronen und Kerne und setzt sich aus drei Beiträgen zusammen:

1. der attraktiven Wechselwirkung zwischen Kernen und Elektronen

$$V_1 = -\sum \frac{e^2}{R_{D_i} - r_{A_j}} - \sum \frac{e^2}{R_{A_i} - r_{D_j}} \tag{3.5}$$

2. der Abstoßung zwischen den Kernen:

$$V_2 = \sum \frac{e^2}{R_{D_i} \cdot R_{A_j}} \tag{3.6}$$

3. der Abstoßung der Elektronen:

$$V_3 = \sum \frac{e^2}{r_{D_i} \cdot r_{A_j}} \tag{3.7}$$

Dabei sind $\mathbf{R_i}$ die Kernkoordinaten und $\mathbf{r_j}$ die elektronischen Koordinaten der beiden Moleküle.

Wie bereits in Kapitel 2 ausgeführt, kann die Molekülwellenfunktion als Produkt aus einer elektronischen (E) und einer Kernschwingungsfunktion (K) angesetzt werden. Weiterhin kann unter Nutzung der *Born-Oppenheimer-Näherung* (vgl. Kapitel 2.1.1) der Schwingungsanteil separiert werden und wir erhalten:

$$V_{DA} = \langle K_A \mid K_{D*} \rangle \cdot \langle K_{A*} \mid K_D \rangle \cdot \langle E_A E_{D*} \mid V_1 + V_2 + V_3 \mid E_{A*} E_D \rangle \tag{3.8}$$

Der erste Term stellt den bereits bekannten *Franck-Condon-Faktor* dar. Für die weitere Diskussion können wir uns nun auf den elektronischen Teil der Wellenfunktionen beschränken. Ausgehend von einer Punkt-Dipol-Näherung, d.h. der Annahme, daß die Ausdehnung der Moleküle klein ist gegenüber dem Abstand der Molekülschwerpunkte, erhält man einen Wechselwirkungsoperator der Form [Ka 63]:

$$V_{DA} = \frac{(\mu_D \mu_A)}{R_{DA}^3} - 3 \frac{(\mu_D R_{DA})(R_{DA} \mu_A)}{R_{DA}^5} \tag{3.9}$$

wobei $\mathbf{R_{DA}}$ der Abstand der Monomere im Dimer ist und μ_D, μ_A die entsprechenden Operatoren der Übergangsdipolmomente der beiden Moleküle sind.

Dimers (A = D) in zwei "exzitonische" Zustände auf [Ka 63] und wir erhalten für die Absorptionsfrequenzen ($v_{\pm}$) der Exzitonbanden und das Dipolmoment des Dimers ($\mu_{d\pm}$) die folgenden Ausdrücke:

$$v_{\pm} = v_m \pm (V_{DA} / h) \tag{3.10a}$$

und

$$\mu_{d\pm}^2 = \mu_m^2 \pm \mu_m^2 \cos\Theta \tag{3.10b}$$

mit v_m und μ_m ($\mu_A = \mu_D = \mu_m$) als den entsprechenden Monomerparametern. Θ ist der Winkel zwischen den Übergangsdipolmomenten der Monomere.

Für den Fall der Punkt-Dipol-Wechselwirkung und dem für Tetrapyrrole typischen Fall einer nahezu parallelen Orientierung von Molekülebene und Dipolmomenten erhält man für die exzitonische Aufspaltungsenergie (ε) den Ausdruck:

$$\varepsilon = \frac{\mu_m^2}{R_{DA}^3} (1 - 3 \cos \vartheta) \tag{3.11}$$

mit dem Winkel ϑ zwischen Dipolachse und der Verbindung zwischen den Molekülzentren. Somit ergeben sich unterschiedliche Abhängigkeiten der Aufspaltungsenergie von der Geometrie des Dimers (vgl. Punkt 3.2.1.1). Die Exzitonbandbreite beträgt 2ε.

Ein spezifisches Modell zur Berechnung der Konformation von Aggregaten aus Molekülen mit planaren π-Elektronensystemen wurde von Hunter [Hu 90] et al. vorgeschlagen. Die Wechselwirkungen der Moleküle, die sich in einem van der Waals-Abstand befinden, werden darin über ein elektrostatisches Modell beschrieben, bei dem das π-Elektronensystem als elektrisch negativ und das σ-System als positiv gewertet werden. Die sich aus der Wechselwirkung der beiden Elektronensysteme in jedem Molekül nicht kompensierenden Anteile bilden in diesem Konzept die Ursache für die Wechselwirkung der beiden Moleküle. Das prinzipielle Ergebnis von Berechnungen, basierend auf dieser Modellannahme, ist in Abb. 3.2 zu sehen.

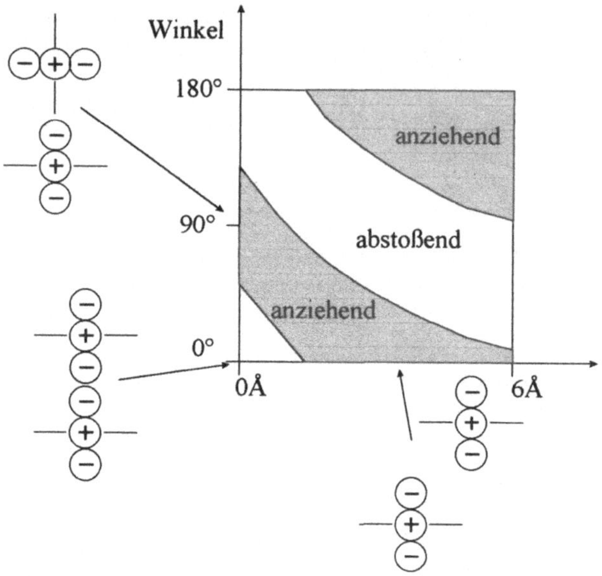

Abb. 3.2: Wechselwirkung zweier planarer π Elektronensysteme (nach [Hu 90]).
          Dargestellt sind zwei Geometrien, in denen die Anziehung überwiegt
          (T- und II-Konformation) und eine zentrierte Parallelgeometrie, bei der die
          resultierende Wechselwirkung eine Abstoßung zwischen den Systemen verursacht.

Wendet man diese Überlegungen auf *Tetrapyrrole* an, so ergeben sich
Dimerstrukturen, in denen die Zentren der beiden Moleküle entlang einer N-N-Achse
gegeneinander verschoben sein müssen. Der van der Waals-Abstand von planaren
Tetrapyrrolen liegt bei ca. 3,4 bis 3,6 Å. Die mit diesem Modell berechneten
Abstände der Molekülebenen und der Molekülzentren entlang der N-N-Achse
entsprechen den aus NMR-Untersuchungen [Cl 63, Ab 83] und Röntgenkristall-
strukturanalysen [Se 93] bekannten Werten. Somit haben wir mit den Modellen von
Kasha und Hunter ein brauchbares Instrumentarium, um die Wechselwirkung von
planaren Tetrapyrrolen in Dimeren unter Nutzung optischer Methoden zu
beschreiben.

3.2.1.1 Beispiel - Dimerisierung von Phäophorbid a

Wegen seiner hydrophoben Eigenschaften bildet Phäophorbid a in Wasser Aggregate, während es z.B. in Ethanol in monomerer Form gelöst werden kann. Unter bestimmten experimentellen Voraussetzungen kann in einem Lösungsgemisch aus Wasser und Ethanol ein Monomer-Dimer-Gleichgewicht von Phäophorbid a präpariert werden (vgl. Punkt 6.1.1). Sind Monomer- und Dimerspektrum (vgl. Punkt 6.1.1) bekannt, können die Wellenlängen im Maximum der Monomer- und der Dimerenbande ebenso bestimmt werden wie das Dipolmoment. Im vorliegenden Fall erhalten wir aus den experimentellen Daten für das Monomer λ_{max} = 667nm, μ = (3,6 ±0,2)D und für das Dimer die Werte: λ_{max} = 685nm und μ = (4,3 ± 0,5)D. Aus der Größe des Dipolmomentes der Dimerbanden kann auf die Geometrie des Dimers

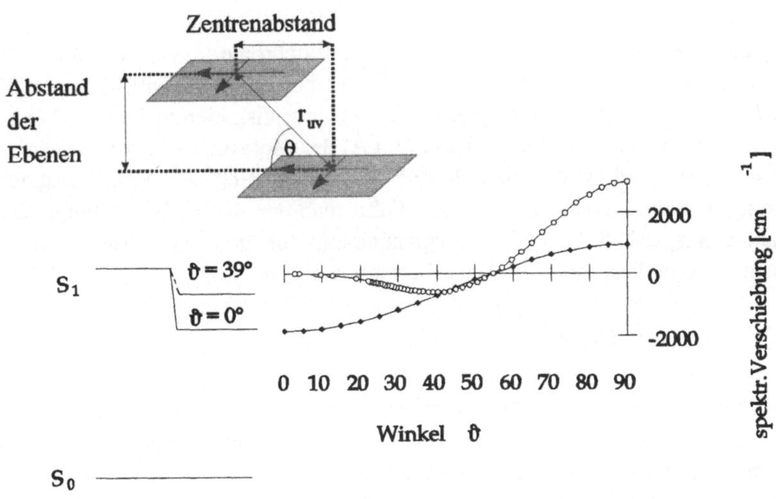

Abb. 3.3: Abhängigkeit der Dimer-Aufspaltungsenergie vom Winkel ϑ bei Annahme eines konstanten Abstandes der Molekülzentren (◆) bzw. der Molekülebenen (○) (nach [Ko 98])

rückgeschlossen werden [Sh 76]. Zudem ist bekannt, daß die Monomere nahezu parallel mit verschobenem Schwerpunkt zueinder im Dimer vorliegen [Ko 79]. Unter Nutzung von Gl. 3.10b kann mit Kenntnis der Monomer- und Dimer - Dipolmomente der Winkel zwischen den Übergangsdipolmomenten der Monomere und damit die Orientierung der Moleküle zueinander berechnet werden. Im Resultat ergibt sich ein Winkel von $(140 \pm 10)°$. Das bedeutet, daß die Verbindungslinien der Ringe I und III der Einzelmoleküle im Dimer, entlang denen die Übergangsdipolmomente der Q_y (0,0)-Bande der Monomere orientiert sind (vgl. Punkt 1.1.4), diesen Winkel einschließen müssen.

Etwas komplizierter wird die Betrachtung, wenn die Wechselwirkung zwischen Molekülen in einer strukturierten Umgebung, wie z.B. in Langmuir-Blodgett-Filmen [Ko 98] beschrieben werden soll. Unter Berücksichtigung der von Hunter erhaltenen Werte für die Separation der Molekülebenen und Variation des *Zentren*abstandes der Moleküle erhält man für ϑ Werte zwischen 40° und 50°. Für diese Winkel ergibt sich auch aus der Exzitonentheorie von Kasha (Gl. 3.11) eine Absenkung der Übergangsenergie und damit eine bathochrome Verschiebung der Dimerenabsorptionsbande gegenüber der Monomerbande, das gilt in diesem Fall nach Kasha für alle $\vartheta < 54{,}7°$ (Abb. 3.3). Im hier diskutierten Fall erscheint es sinnvoll, von einem konstanten Abstand (3,4 Å) der Molekül*ebenen* auszugehen, da die chemische Struktur des Phäophorbid a eine Änderung von ϑ bei konstantem Abstand der Zentren unmöglich macht. Führt man nun die Rechnung unter dieser Annahme aus, erhält man ein Energieminimum für $\vartheta = 39°$ (Abb. 3.3). Die Verschiebung entlang der N-N-Achse beträgt ca. 4,2 Å.

3.2.2   Förster-Transfer

Förster beschäftigte sich über eine Reihe von Jahren intensiv mit dem Mechanismus des inkohärenten Energietransfers bei sehr schwacher Kopplung. Seine auf experimentellen Beobachtungen basierenden theoretischen Überlegungen wurden 1948 veröffentlicht [Fö48].

Um die wesentlichen Aspekte seiner Theorie möglichst anschaulich herauszuarbeiten, benutzen wir zunächst das einfachste denkbare Modell (Abb. 3.4): Donator- und Akzeptormoleküle seien chemisch identische Moleküle (D=A) und die relevante Elektronenkonfiguration in jedem Molekül wird durch zwei Molekülorbitale (S_0 und S_1, bzw. S_0 und T_1) und jeweils ein am Energietransfer beteiligtes Elektron (e_1 und e_2) repräsentiert.

Die zwei am Transferprozeß beteiligten Elektronen sollen sich in einem Abstand r_{12} befinden. Die Wechselwirkung erfolgt über das Coulombpotential zwischen den

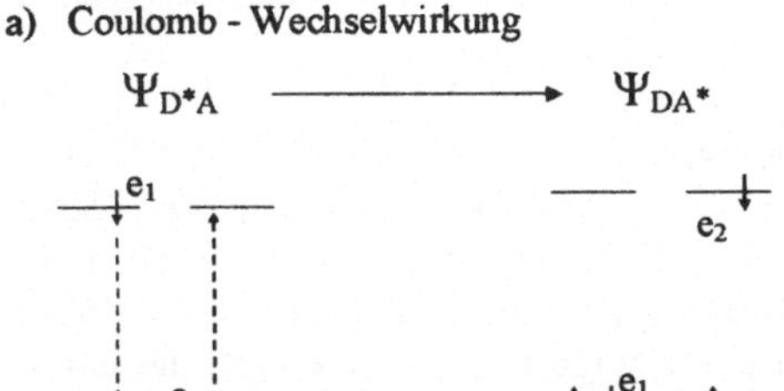

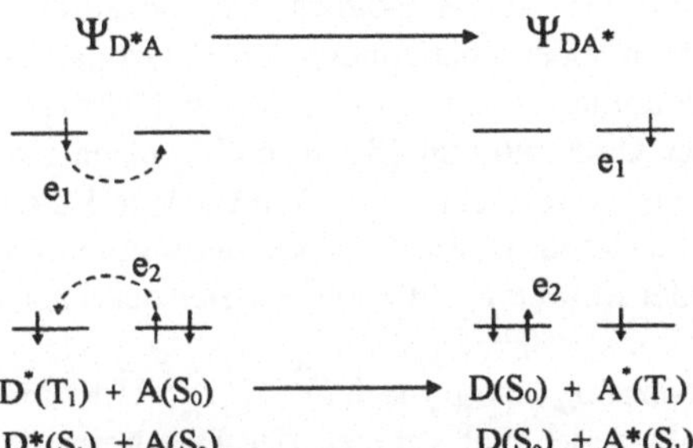

Abb. 3.4: Schematische Darstellung zum Förster-Energietransfer

beiden Elektronen ($\hat{V} = 1/r_{12}$). Allgemein läßt sich der Energietransfer als Übergangswahrscheinlichkeit zwischen den zwei elektronischen Zuständen des Donator-Akzeptor-Systems Ψ_{D^*A} vor und Ψ_{DA^*} nach dem Energietransfer mit dem Resonanzintegral β beschreiben:

$$\beta = \langle\, \Psi_{D^*A} \,|\hat{V}|\, \Psi_{DA^*} \,\rangle \qquad\qquad (3.12)$$

wobei β aus zwei Anteilen, dem *Coulomb*-(β_c) und dem *Austauschterm* (β_{ex}) besteht:

$$\beta = \beta_c + \beta_{ex} \qquad\qquad (3.13)$$

Diese beiden Terme beschreiben die beiden unterschiedlichen möglichen Transfermechanismen (siehe Abb. 3.4). Auch bei Ablauf des Energietransfers zwischen zwei Molekülen müssen die Spinauswahlregeln gelten, die zum einen die Erhaltung des Gesamtspins im System (A ... D*) fordern und zum anderen Übergänge zwischen Singulett- und Triplettzuständen innerhalb eines Moleküls verbieten. Somit kann nur der Austauschterm (β_{ex}) zum Triplett (D) → Triplett (A) Energietransfer beitragen, während für den Singulett (D) → Singulett (A) - Transfer beide Wege möglich sind. Trotz des Spin-Verbotes wurde in Einzelfällen auch für die Coulomb-Wechselwirkung ein Triplett-Triplett-Transfer beobachtet [Wi 64]. Als Ursache hierfür ist eine sehr lange Triplettlebensdauer des Donators anzusehen, die die Wahrscheinlichkeit eines Energietransfer wieder in die gleiche Größenordnung rückt wie die der monomolekularen Desaktivierung des Donatormoleküls.

Außerdem unterscheiden sich beide Prozesse wesentlich in ihrer Reichweite. Wegen der exponentiellen Abnahme der Wellenfunktion mit dem Abstand ist der Energietransfer über den Austauschmechanismus nur bei direktem Kontakt ("Zusammenstoß") von D* und A möglich. Das bedeutet, daß der Austausch-mechanismus nur bei räumlicher Überlappung der Elektronensysteme von D* und A von signifikanter Bedeutung ist. Der typische Abstand beträgt $r_{ex} \approx$ (0,5...1)nm. Aus diesem Grund ist der Coulombterm (β_c) in biologischen Systemen von weitaus größerem Interesse, da er relevante Kopplungen über Entfernungen von bis zu (10...15)nm hervorrufen kann. Dieser Wechselwirkungsanteil wird in der Literatur als *Förstertransfer* oder *Resonanz-Energie-Transfer* bezeichnet.

Bei einer Multipolentwicklung von β_c nach ($\hat{V} = 1/r_{12}$) findet man für nicht zu kleine Donator-Akzeptor-Abstände, daß generell der Dipolterm dominant ist. Höhere Momente können, z.B. aufgrund von Symmetrieeigenschaften, nur an Bedeutung gewinnen, wenn entweder das elektronische Dipolübergangsmoment des Donators (μ_D) oder des Akzeptors (μ_A) Null ist. Für nicht zu kleine R ergibt sich dann mit n als dem Brechungsindex für β_c der Ausdruck:

$$\beta_c \approx \beta_{Dip-Dip} \approx \mu_D\,\mu_A\,R^{-3}\,n^{-2} \tag{3.14}$$

Förster definierte einen charakteristischen Abstand R_0 als die mittlere Distanz zwischen D* und A, bei dessen Unterschreitung die Energieübertragung innerhalb der Anregungsdauer beginnt. Mit anderen Worten - R_0 ist der kritische Molekülabstand, bei dem die strahlungslose und die strahlende monomolekulare Desaktivierung von D* mit der gleichen Wahrscheinlichkeit stattfinden können wie der Energietransfer von D* zu A. Für den wichtigsten Fall, die Dipol-Dipol-Wechselwirkung, erhielt er:

$$R_0^{\,6} = I \cdot \frac{C \cdot k^2 \cdot \Phi_D}{n^4} \tag{3.15}$$

worin n der Brechungsindex, k ein Orientierungsfaktor (bei schneller Rotation von
D und A, z.B. in Lösung wird $k^2 \approx 2/3$), Φ_D die Fluoreszenzquantenausbeute von D
ohne die Anwesenheit von Akzeptormolekülen ist. C ist eine Konstante:

$$C = \frac{9 \cdot \ln 10}{2^7 \cdot \pi^5 \cdot N_A} \approx 8{,}79 \cdot 10^{-28} \, mol \tag{3.16}$$

I ist ein Integral, das die energetische Überlappung der wechselwirkenden Zustände
von D* und A beschreibt. Es kann aus dem Donator-Lumineszenzspektrum und dem
Akzeptor-Absorptionsspektrum berechnet werden:

$$I = \int_0^\infty f_{D^*}(\tilde{v}) \cdot \varepsilon_A(\tilde{v}) \cdot \tilde{v}-4 \cdot d\tilde{v} \tag{3.17}$$

Darin ist f_{D^*} das Quantenemissionsspektrum von D normiert auf[4]:

$$\int_o^\infty f_{D^*}(\tilde{v}) d\tilde{v} = 1. \tag{3.17a}$$

Es wird deutlich, daß nur die spektrale Überlappung der Donatorlumineszenz und
der Akzeptorabsorption zum Integral I beitragen. Vergleicht man darüber hinaus
zwei Moleküle mit gleichen Absorptions- und Fluoreszenzspektren, jedoch
unterschiedlicher Fluoreszenzquantenausbeute (Φ_D), erhält man entsprechend
Gl. 3.15 einen geringeren kritischen Abstand R_0 bei kleinerem Φ_D. Somit können wir
schlußfolgern, daß nur bei Molekülen mit hohen Fluoreszenzquantenausbeuten eine
Energieübertragung über große Distanzen möglich ist. Experimentell kann R_0 durch
die Messung der Fluoreszenzintensität oder - Abklingzeit des angeregten
Donatorensembles in Abhängigkeit von der Akzeptorkonzentration bestimmt
werden.
Die Energieübertragung zwischen z. B. Farbstoffmolekülen in Lösung läßt sich unter
Nutzung der in Gleichung 3.14 enthaltenen Abstandsabhängigkeit unter Annahme
einer statistischen Verteilung der Farbstoffmoleküle berechnen. Bei kleinen
Konzentrationen reduziert sich die Betrachtung wiederum auf das dem angeregten
Donator-Molekül nächste Akzeptor-Nachbarmolekül, woraus ein exponentielles
Abklingen der Anregung der Donatormoleküle und damit der Fluoreszenz folgt. Für

---

[4] Das Integral $\int f_{D^*}(v)\, dv$ beschreibt die Wahrscheinlichkeit, daß D* im betrachteten Spektralbereich
Licht emittiert.

die Ratenkonstante des Coulomb-Energietransfers (Dipol-Dipol-Wechselwirkung)
erhielt Förster die Beziehung [Fö 51]:

$$k_c \sim \frac{f_D f_A}{R_{DA}^6 \cdot \tilde{v}} \cdot I \tag{3.18}$$

worin f_D und f_A die Oszillatorstärken der Donator- und Akzeptorübergänge und I das
Überlappungsintegral (Gl. 3.17) sind.

Um an zwei Beispielen weitere wesentliche Aspekte herauszuarbeiten, machen wir
im weiteren die folgenden Annahmen. Die Gesamtkonzentration der Moleküle in
unserem System $c = c_D + c_A + c_U$ setze sich zusammen aus Umgebungsmolekülen
(z.B. Lösungsmittelmoleküle) der Konzentration c_U, den Donatoren der
Konzenztration c_D und den Akzeptoren der Konzentration c_A.
① Im ersten zu diskutierenden Fall gelte außerdem: $c_D \ll c_A \ll c_U$.
Somit liegt zum einen eine sehr geringe Konzentration an Donator- und Akzeptormolekülen vor und außerdem ist die Möglichkeit gegeben, daß jedes angeregte
Donatormolekül nicht nur mit einem, sondern mit einer größeren Anzahl von Akzeptormolekülen wechselwirken kann. Um das Fluoreszenzabklingverhalten $\{I_{\text{mitt}\,D}(t)\}$
eines Ensembles von Donatormolekülen unter diesen Bedingungen zu beschreiben,
muß eine Mittelung über die Paarabstände zwischen Donator- und Akzeptormolekülen durchgeführt werden. Das Fluoreszenzverhalten des gesamten Donator-
ensemble kann dann nicht mehr mit einer exponentiellen Funktion beschrieben
werden. Bei Betrachtung längerer Zeiten und geringen Akzeptorkonzentrationen
($c_A \leq c/10$) erhält man für die Dipol-Dipol-Wechselwirkung zwischen statistisch
orientierten Donator- und Akzeptormolekülen in Lösung für das Abklingverhalten
der Anregung der Donatormoleküle die *Förster-Gleichung* [Fö 46]:

$$I_{\text{mitt}\,D}(t) = \exp\left[-A\, c_A \sqrt{t} \right] \tag{3.19}$$

worin A eine Konstante ist.

② Im zweiten Fall gelte: $c_A \ll c_D \ll c_U$.
Unter diesen Bedingungen (sehr hohe Konzentration der Donatormoleküle) wird nur
ein Bruchteil der Donatormoleküle angeregt und es gilt $c_D{}^* \ll c_D$. Das bedeutet, daß
die Anregungsenergie mit großer Wahrscheinlichkeit erst über mehrere
Donatormoleküle zu einem Akzeptormolekül gelangen wird (indirekter Transfer).
Für diesen Fall gibt es keine allgemeine Lösung. Dennoch wird häufig ein
quasiexponentielles Abklingverhalten der Donatorfluoreszenz beobachtet. In diesem

Fall kann eine mittlere Ratenkonstante für den Energietransfer bestimmt werden (in Lösung: $k_C \sim c_A\, c_D$).

Ist die Donatorkonzentration wesentlich höher als die weiter oben formulierte kritische Konzentration (Gleichung 3.15), nimmt in Farbstofflösungen die Konzentrationslöschung eine relevante Größe an und führt zu einer raschen Abnahme der Fluoreszenzintensität. Die damit verbundene Verkürzung der Fluoreszenzlebensdauer kann sogar eine Zunahme der Primärfluoreszenz bewirken. Das bedeutet, daß durch Konzentrationslöschung der Donatorfluoreszenz die Wahrscheinlichkeit einer Energieübertragung zu einer größeren Zahl von Molekülen unmöglich wird.

Bei sehr hohen Konzentrationen, bei denen die Molekülabstände im Bereich der Größe der Elektronensysteme der Moleküle liegen, läßt sich die Wechselwirkung zwischen den Molekülen generell nicht mehr als Resonanz-Energie-Transfer beschreiben. Vielmehr muß in diesem Fall für die Diskussion die Austauschwechselwirkung herangezogen werden.

3.2.2.1 Beispiele

Um unerwünschte Nebeneffekte wie z.B. Konzentrationslöschung der Fluoreszenz von Molekülen in Lösung ausschließen bzw. deren Effizienz bei definierten Konzentrationen abschätzen zu können, ist es hilfreich, den jeweiligen Försterradius zu bestimmen. Dies kann unter Nutzung von Gl. 3.18 erfolgen, wozu das Fluoreszenzspektrum des Donators und das Absorptionsspektrum des Akzeptors sowie die Fluoreszenzquantenausbeute des Donators ohne Akzeptormoleküle (vgl. 2.3) und der Brechungsindex des Lösungsmittels bekannt sein müssen.

Als Beispiele gab Förster in seiner Arbeit [Fö 48] die folgenden aus unserer Sicht interessanten Beispiele an. Für Fluorescein in Wasser berechnete er $R_0 = 50\text{Å}$ und für Chlorophyll a in Ethylether $R_0 = 80\text{Å}$. Unter Annahme einer statistischen Verteilung der Moleküle in der Lösung und einer angenommenen Beschränkung der Energieübertragung auf das nächste Nachbarmolekül [Fö 48] kann die kritische Konzentration (c_0) berechnet werden. Für Chlorophyll a ergibt sie sich zu $7{,}7 \cdot 10^{-4}$ M/l. Dies bedeutet, so lange mit Chlorophyll-Konzentrationen $< 10^{-4}$ M/l gearbeitet wird, sollten keine effizienten Löschprozesse ablaufen, die z.B. Messungen zur Bestimmung der Fluoreszenzlebensdauer verfälschen oder in Konkurrenz zu Elektronen-Transfer-Prozessen eine Bestimmung der Ratenkonstanten erschweren oder gar unmöglich machen würden.

Abweichend von der von Förster angenommenen Gleichverteilung der Moleküle beobachteten Kaschke et.al. [Ka 86] in Lösungen aus Laserfarbstoffgemischen einen

Energietransfer, der sich unter der Annahme einer "Cluster-Bildung" (d.h. einer inhomogenen Verteilung in der Lösung) von Akzeptormolekülen um ein Donatormolekül mit dem Förster-Formalismus beschreiben läßt. Kern dieses "modifizierten" Förster-Transfers ist die Annahme eines Bereiches mit einem begrenzten Radius um das Donatormolekül, in dem die Akzeptormoleküle homogen um den Donator verteilt sind und in dem der Energietransfer abläuft, während außerhalb dieses Raumes keine Energietransferprozesse stattfinden. Über die Variation des Radius der Gleichverteilung gelang es, die experimentellen Daten, die wesentlich schnellere Raten als im Förster-Formalismus vorausgesagt ergaben, erfolgreich zu modellieren.

In der biophysikalischen Forschung wird der Resonanz-Energietransfer wegen seiner Reichweite bis zu ca. 15nm für die Untersuchung von Wechselwirkungen zwischen biologischen Makromolekülen genutzt. Die Aussagekraft dieses Ansatzes läßt sich zeigen, indem man sich verdeutlicht, daß zum einen die Wechselwirkung mit der sechsten Potenz des Abstandes zwischen den Molekülen abnimmt und andererseits die meisten biologisch relevanten Prozesse in und an der Zelle über Distanzen bis zu 10nm ablaufen. Im Mittelpunkt des derzeitigen Interesses stehen vor allem Protein-Protein- und Protein-DNS-Wechselwirkungen. Darüber hinaus können Veränderungen der intrazellulären Ionenkonzentration [Ts 93] untersucht werden. Die hohe räumliche Auflösung und die der Fluoreszenz inhärente hohe Nachweisempfindlichkeit gestatten sogar eine Einbindung in die Mikroskopie, womit sich vielfältige Möglichkeiten von direkten Untersuchungen zur Signal-Transduktion in Zellen ergeben (z.B.: [Da 95], [Jü 96], [Vr 96]).

3.3   Nichtklassischer Energietransfer

Neben dem Förster-Transfer, der eine Überlappung von Fluoreszenzspektrum des Donatormoleküls und Absorptionsspektrum des Akzeptors voraussetzt, gibt es Transferprozesse, für die eine spektrale Überlappung nicht erforderlich ist. Der Transferprozeß beinhaltet in diesem Fall die Bildung eines *Exziplex* [Bi 67], welches zwischen angeregtem Donator- und Akzeptormolekül gebildet wird. Dieser Komplex existiert [im Gegensatz zu Dimeren oder Charge-Transfer-Komplexen (vgl.Kapitel 4)] nur im angeregten Zustand und unterliegt einer raschen Desaktivierung. Der einfachste Fall eines solchen Prozesses ist in folgendem Schema dargestellt:

$$D^* + A \; \rightleftarrows \; [\,D\ldots A\,]^* \; \rightarrow \; D^*_{(vib)} \; + \; A^*_{(vib)}$$

$$\downarrow \qquad\qquad\qquad \downarrow \qquad\quad \downarrow$$

$$D + A + h\nu \qquad\quad D \qquad\quad A \qquad \text{oder chem. Produkte}$$

Exziplexe wurden als Zwischenprodukte bei Fluoreszenzquenching, aber auch bei bimolekularen photochemischen Umwandlungen nachgewiesen. Handelt es sich bei Donator und Akzeptor um chemisch gleiche Moleküle, so spricht man von *Exzimeren*. In diesem Zusammenhang sei darauf hingewiesen, daß bei der Betrachtung von Energiedissipationsprozessen nach elektronischer Anregung darauf geachtet wird, daß streng zwischen dem angeregten Zustand eines *Dimers* (vgl. Kapitel 5) und einem *Exzimer* unterschieden werden muß.

Zur Illustration ist in Abb. 3.5 ein Energiediagramm für eine Exziplexbildung nach

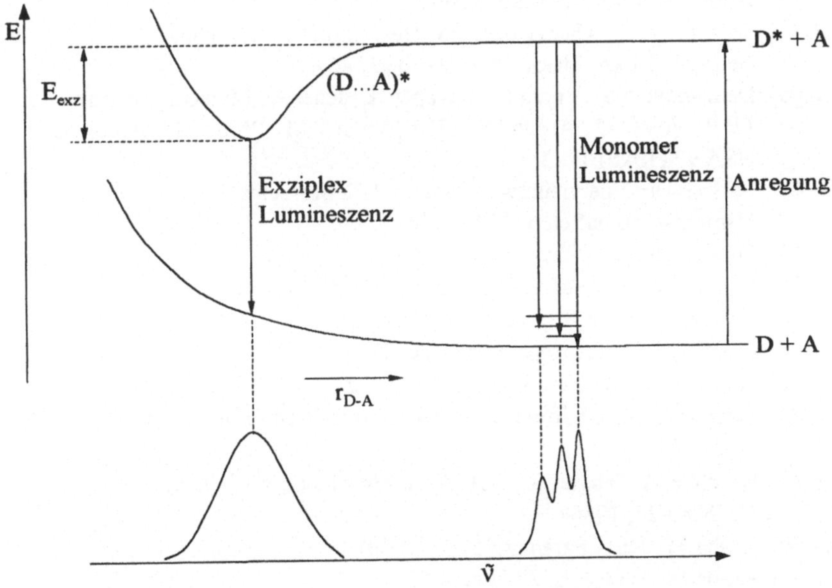

Abb. 3.5: Schematische Darstellung der Energieniveaus bei der Exziplexbildung (nach [We 68])

Weller [We 68] dargestellt. Wie dem Schema zu entnehmen ist, tritt bei Exziplexbildung neben der strukturierten Monomerfluoreszenz eine bathochrom verschobene strukturlose Fluoreszenzbande auf, die den Exziplexen zuzuordnen ist. Der Nachweis dieser Bande kann sich sehr schwierig gestalten, da in der Regel sowohl Quantenausbeute wie auch Lebensdauer sehr gering sind. Als Untersuchungsmethode ist dennoch die Fluoreszenzspektroskopie am gebräuchlichsten. Charakteristisch für eine Exziplexlumineszenz ist die Existenz eines isoemissiven Punktes (vgl. Kapitel 6) in Abhängigkeit von der Quencher (=Akzeptor) - Konzentration.

3.4 Literatur

[Ab 83] Abraham J.R., Smith K.M.: J.Am.Chem.Soc. 105 (1983) 5734

[Cl 63] Closs G.L., Katz J.J., Pennington F.C., Thomas M.R., Strain H.H.:
         J.Am.Chem.Soc. 85 (1963) 3809

[Da 51] Davydov A.S.: Theory of Light Absorption by Crystalline
         Benzene. J.Exp. Theor. Phys. **21** (1951) 673

[Da 95] Damjanovich S., Vereb G., Schaper A., Jenei A., Matkó J., Starink
         J.P.P., Fox G.Q., Arndt-Jovin D.J., Jovin T.M.: Proc. Natl. Acad. Sci.
         USA 92 (1995) 1122

[Fö 46] Förster Th.: Energieumwandlung und Fluoreszenz.
         Naturwissenschaften 6 (1946) 166

[Fö 48] Förster Th.: Ann.Phys. 6 (1948) 55

[Fö 51] Förster Th.: Fluoreszenz organischer Verbindungen,
         Vandenhoek und Ruprecht, Göttingen 1951

[Fr 31] Frenkel, Y.I.: Excitons. Phys. Rev. **37** (1931) 17

[Hu 90] Hunter C.A., Sanders K.M.: J.Am. Chem. Soc. 112 (1990) 5525

[Jü 96] Jürgens L., Arndt-Jovin D., Pecht I., Jovin T.M.: Eur.J.Immun. 26
         (1996) 84

[Ka 86] Kaschke M., Vogler K.: FSU Jena, Forschungsergebnisse,
         Nr. N/86/27, 1986

[Ka 50] Kasha M.: Disc. Faraday Soc. 9 (1950) 14

[Ka 63] Kasha M.: Rad. Res. 20 (1963) 55

[Ko79]   Kooyman R.P.H., Schaafsma T.J., Jansen G., Clarke R.H., Hobart
         D.R., Lestra W.R.: Chem. Phys. Lett.68 (1979) 65

[Ko 82] Kopainsky, B., Kaiser W.: Ultrafast Transient Processes of
         Monomers, Dimers and Aggregates of Pseudoisocyanine Chloride.

Chem.Phys.Lett. **88** (1982) 357

[Kr 58]   Kramers C.D.S.: Quantum Mechanics, North-Holland Publ.,
          Amsterdam 1958, S. 218

[Se 93]   Senge M.O., Eigenbrot C.W., Brennan T.D., Shusta J., Scheidt
          W.R Smith K.M.: J.Inorg.Chem. 32 (1993) 3134

[Sh 76]   Shipman L.L., Schaafsma T.J., Jansen G., Clarke R.H., Hobart
          D.R., Lestra W.R.: J.Am.Chem.Soc. 98 (1976) 8222

[Si 57]   Simpson, W.T., Peterson, D.L.: Coupling Strength for Resonance
          Force Transfer of Electronic Energy in Van der Waals Solids.
          J.Chem. Phys. **26** (1957) 588

[Ts 93]   Tsien R.Y., Bacskai B.J., Adams S.R.: Trends Cell Biol. 3 (1993) 242

[Vr 96]   de Vries K.J., Westermann P.I., Bastiaens P.I.H., Jovin T.M.,
          Wirtz K.W.A., Snoek G.T.: Exp.Cell Res. 227 (1996) 33

[We 68]   Weller A.: Pure Appl.Chem. 16 (1968) 115

[Wi 64]   Wilkinson F.: Adv. Photochem. 3 (1964) 241

4 Photoinduzierte Elektronentransfer-Prozesse

Bisher haben wir eine Reihe verschiedener Desaktivierungsmechanismen nach Lichtabsorption kennengelernt, die alle in irgendeiner Form einen Energietransfer einschließen. Neben diesen Möglichkeiten kann auch ein *Ladungstransfer* in Form eines *Elektronentransfers* stattfinden, und damit zu einer Desaktivierung des elektronisch angeregten Zustandes führen. Am interessantesten ist in diesem Zusammenhang der *gerichtete* oder *vektorielle Elektronentransfer*, wie er z.B. als Primärschritt in der *Photosynthese* abläuft.

4.1 Die Primärschritte der Photosynthese

In der Photobiophysik werden zum einen die Primärschritte der natürlichen Photosynthese untersucht, zum anderen aber auch Möglichkeiten zur Schaffung biomimetischer Systeme für die künstliche Photosynthese gesucht. Um die weiteren Ausführungen zur Theorie des photoinduzierten Elektronentransfers und die angeführten Beispiele unter diesem Aspekt richtig einordnen zu können, soll zuerst kurz ein Überblick über den Teil der Photosynthese gegeben werden, bei dem die Ladungsseparation durch Elektronentransferprozesse im natürlichen Photosynthese-Reaktionszentrum stattfindet. Dabei erfolgt eine Beschränkung auf den einfachsten Fall - das Reaktionszentrum der Purpurbakterien. Die der Ladungsseparation vorangehenden Prozesse sollen hier nur kurz erwähnt werden. Nach Absorption eines Photons im Antennenkomplex durch Carotenoide oder Chlorophylle, wird die Energie zum "special pair", einem Bacteriochlorophyll-Dimer $(BChl)_2$ übertragen [Pe 82]. Dies wird durch die im Vergleich zu den Monomeren geringere Energie des S_1-Zustandes des Dimers (vgl. Kapitel 3) begünstigt. Das Reaktionszentrum selbst besteht aus Farbstoffen, die in einer Proteinmatrix in definierten Abständen und Orientierungen zueinander fixiert sind. Ihre spezifische Anordnung wird durch die Proteinstruktur bestimmt (vgl. Kapitel 1). Die Proteine wiederum sind innerhalb der Chloroplasten in den Thylakoidmembranen eingebettet.

Der in Abb. 4.1 gezeigten schematischen Darstellung der wesentlichen Bestandteile des Reaktionszentrums liegen die durch Deisenhofer et al. [De 84] mittels Röntgenkristallstrukturanalyse an *Rhodopseudomonas viridis* bestimmte Proteinstruktur und Pigmentanordnung zugrunde.

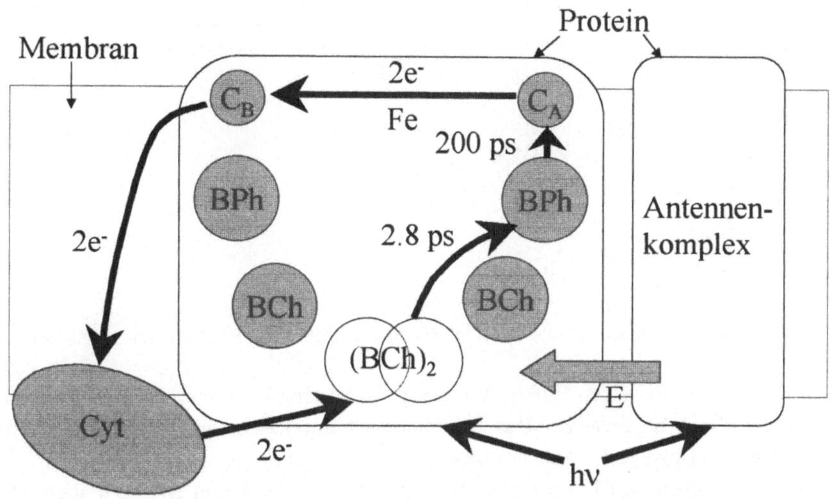

Abb. 4.1: Schematische Darstellung des Photosynthesereaktionszentrums von Purpurbakterien [Ko 98]
(Cyt - Cytochrom, $(Bch)_2$ - Bacteriochlorophyll-Dimer "special pair", Bch - Bacteriochlorophyll, BPh - Bacteriophäophytin, C_A - Menachinon, C_B - Ubichinon, Fe - Eisen

Die Abmessungen des Reaktionszentrums lassen sich mit ca. 21x21x11nm angeben. Die wesentlichen Farbstoffe des Reaktionszentrums sind vier Bacteriochlorophyll-Moleküle (BChl), zwei Bacteriophäophytine (BPh) sowie zwei Chinone (C_A und C_B). Das nach dem Energietransfer angeregte $(BChl)_2$ ist der Ausgangspunkt des Ladungstransfers (Abb. 4.2). Zunächst erfolgt in ca. 2,8ps ein Ladungstransfer zum ca. 1,7nm entfernten BPh. Die Rolle des BChl-Monomers bei diesem Prozeß ist dabei noch weitgehend unklar. Danach wird ein Elektron vom BPh in ca. 200ps zum Menachinon (C_A) übertragen. In einem dritten Schritt erfolgt der Elektronentransfer zum Ubichinon (C_B).

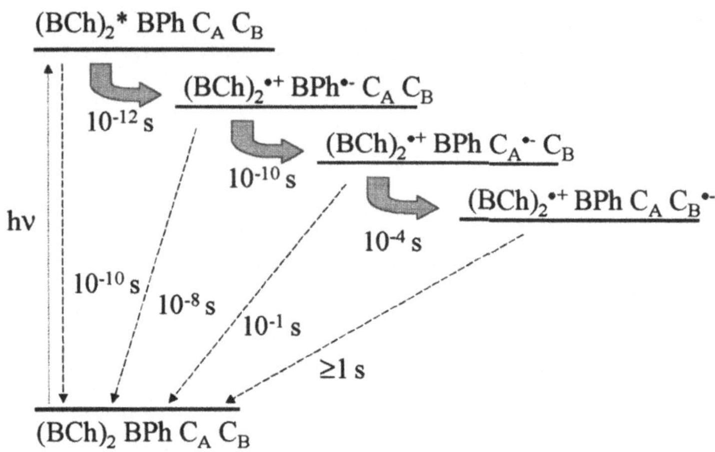

Abb. 4.2: Schema der Ladungsseparation im Reaktionszentrum von Purpurbakterien [Ko 98]

Mit diesem schrittweisen Elektronentransfer wird eine Ladungsseparation über die gesamte Membran erreicht. Das Ubichinon ist nur locker am Reaktionszentrum gebunden und löst sich nach zweimaligem Durchlaufen des Zyklus. Sein Platz im Reaktionszentrum wird von einem nichtreduzierten Ubichinon eingenommen. Die Rekombination des oxidierten $(Bchl)_2$ erfolgt durch das Cytochrom (Cyt), welches ebenfalls nicht fest gebunden ist. Wesentlich für die hohe Effizienz der Ladungsseparation ist der Umstand, daß der Elektronentransfer in der beschriebenen Richtung für jeden einzelnen Schritt um Größenordnungen wahrscheinlicher als der Rücktransfer ist. Somit sind die Aufklärung und das Verständnis der Bedingungen für einen effizienten *vektoriellen* Elektronentransfer sowie deren Nachgestaltung wesentliche Fragestellungen der biophysikalischen Forschung.

4.2   Grundlagen

Da in den meisten Systemen Energie- und Elektronentransferprozesse in Konkurrenz ablaufen, ist es wichtig, zunächst die wesentlichen Unterschiede herauszuarbeiten. Ähnlich wie bei der Austauschwechselwirkung bei Energietransfer (vgl. Kap. 3.2.1.)

muß eine Überlappung der Orbitale der an der Elektronenübertragung beteiligten Zustände von Donator und Akzeptor vorliegen. Mit anderen Worten, es muß eine Art "Zusammenstoß" der beiden Moleküle erfolgen können, um einen Ladungstransfer zu realisieren. Sofern Donator und Akzeptor nicht kovalent gebunden und damit ihr Abstand und ihre Orientierung festgelegt sind, kann die erforderliche räumliche Nähe über die Bildung eines Exzimers, eines Charge-Transfer-Komplexes oder über ein Lösungsmittel-separiertes-Ionenpaar verwirklicht werden. Auf die Einzelheiten der Bildung dieser verschiedenen Komplexe soll an dieser Stelle nicht eingegangen, sondern auf die sehr ausführliche Behandlung dieser Problematik bei Kavarnos [Ka 88] verwiesen werden.

Gleichzeitig wird deutlich, daß es experimentell recht schwierig werden kann, bei einer unbekannten Quenchingreaktion eindeutig zwischen einer Desaktivierung durch Energie- oder Elektronentransfer zu entscheiden. Einen ersten Hinweis darauf, ob ein Ladungstransfer überhaupt möglich ist, kann eine Betrachtung der Redoxpotentiale von Donator und Akzeptor liefern. Weiterhin ist zu beachten, daß der Ladungstransfer sowohl vom angeregten Donator zum Akzeptor wie auch umgekehrt erfolgen kann. Parallel zum lichtinduzierten Elektronentransfer laufen in Konkurrenz weitere Desaktivierungsprozese ab, die die Effizienz des Ladungstransfers wesentlich beeinflussen können. Wie man dennoch zwischen Energie - bzw. Elektronentransfer unterscheiden kann, wird in den nächsten Abschnitten und Kapiteln diskutiert werden.

Im weiteren gehen wir in unseren Betrachtungen davon aus, daß der *Photoinduzierte Elektronentransfer* (PIET) zwischen neutralen Donator (D)- und Akzeptor (A) - Molekülen stattfinden soll. Würden wir diese Voraussetzung nicht treffen, müßten zusätzlich mögliche elektrostatische Effekte berücksichtigt werden. Außerdem setzen wir voraus, daß sich entweder der Donator oder der Akzeptor in einem elektronisch angeregten Zustand (D* bzw. A*) befinden soll, der nach Absorption eines Lichtquants erreicht wird. Dabei soll es zunächst unerheblich sein, ob der PIET über das Singulett- oder das Triplett-System abläuft. Zur Vereinfachung der Betrachtung nehmen wir an, daß sich der Donator im angeregten Zustand befinden soll.

Allgemein kann eine Elektronentransfer-Reaktion nach Photoanregung als Drei-Stufen-Prozeß beschrieben werden:

$$D^* + A \quad \underset{K_{-Diff}}{\overset{K_{Diff}}{\rightleftharpoons}} \quad (D...A)^* \quad \underset{K_{-ET}}{\overset{K_{ET}}{\rightleftharpoons}} \quad (D^{+\cdot} ... A^{-\cdot})^* \quad \rightarrow \quad D^+ + A^- \quad (\rightarrow P)$$

(1a)   **(1b)**   **(1c)**

Schema 4.1: Photoinduzierter Elektronentransfer

Wenn Donator und Akzeptor kovalent gebunden sind oder sich in einer Matrix (z.B. einem Protein) befinden, fällt die Diffussion in Teilschritt (1a) weg. K_{ET} kann damit direkt gemessen werden.

Um die jeweilige im Experiment beobachtete Kinetik interpretieren zu können, ist einige Kenntnis über die konkreten Zustandsenergien von Donator und Akzeptor erforderlich. Die Größe des Redoxpotentials von $D^{+\cdot}$ und $A^{-\cdot}$ kann aus voltammetrischen Messungen gewonnen werden. Daraus läßt sich die Differenz der *freien Enthalpie* oder *Gibbs-Energie* ($\Delta G°$) zwischen dem Ausgangszustand $D + A$ und dem ladungsseparierten Zustand $D^{+\cdot} + A^-$ nach folgender Beziehung berechnen:

$$\Delta G° = e \, (\, E°_{D/D+} - E°_{A/A-}) + w^P - w^R \tag{4.1}$$

darin bedeuten: $E°_{D/D+}$ und $E°_{A/A-}$ das Standard-Reduktions- bzw. Oxydations-Potential für D^+ und A^- ; w^P und w^R stehen für die Arbeit (in der Regel negativ), die aufgewandt werden muß, um $D^+ + A^-$ (Produktzustand - P) bzw. D und A (Reaktantenzustand - R) zusammenzubringen; e schließlich steht für die Elementarladung. Die relative Lage der Zustandsenergien ist immer lösungsmittel-abhängig. So werden w^P und w^R bei schwacher Wechselwirkung allein durch die Coulombabstoßung definiert. Ist eines der beteiligten Moleküle ungeladen, werden sie praktisch Null. Für Untersuchungen in polaren Lösungsmitteln heißt dies, daß w^P und w^R vernachlässigbar klein werden. Somit kann bei derartigen Untersuchungen die freie Enthalpie unmittelbar aus dem Redoxpotential von Donator und Akzeptor ermittelt werden. Beim *Photoinduzierten Elektronentransfer* (PIET) müssen zusätzlich die Anregungsenergien bekannt sein ($D \rightarrow D^*$). Für einen PIET aus dem S_1 (Singulett-Transfer) ist diese Information relativ einfach über Absorptions- bzw. Fluoreszenzmessungen zu erhalten. Komplizierter wird es bei einem PIET aus dem T_1-Zustand (Triplett-Transfer). Teilweise können Phosphoreszenzmessungen oder die Transiente Absorptionsspektroskopie genutzt werden, oft sind aber nur indirekte Methoden anwendbar.

Wie bereits ausgeführt, stellt der Schritt (1b) im Schema 4.1 den für den Elektronentransfer wesentlichen Übergang dar. Im Fall des PIET wird der Elektronentransfer durch eine Photoanregung des Donators (oder Akzeptors) initiiert. Durch die elektronische Anregung wird das Donator-Akzeptor-System in einen energetisch günstigen Ausgangszustand gebracht, aus dem der Elektronentransfer erfolgen kann. Schematisch sind die für den PIET wesentlichen Energieniveaus in Abb. 4.3 zusammengefaßt. Der Produktzustand D...A kann dabei sowohl ein kovalent, wie auch ein nichtkovalent gebundener Donator-Akzeptor-Komplex

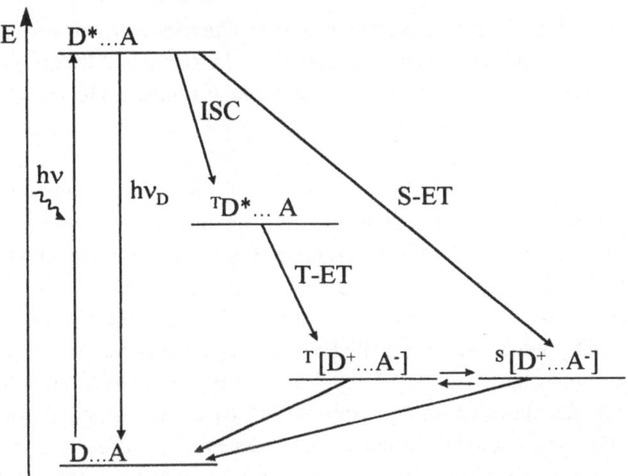

Abb. 4.3: Schematische Darstellung der am PIET beteiligten Energieniveaus
(Erläuterung im Text)

sein. S-ET und T-ET stehen für den Singulett- und Triplett-Elektronentransfer. Die ladungsseparierten Zustände tragen entsprechend Singulett- oder Triplett-Charakter. Da der energetische Unterschied zwischen dem Singulett- und Triplett-Zustand oft sehr gering ist (kleiner als die Hyperfeinwechselwirkung), ist ein Übergang zwischen beiden Zuständen leicht möglich. Der ladungsseparierte Zustand geht dann wieder über emissive oder strahlungslose Desaktivierungsprozesse in den Grundzustand (D...A) über. Photophysikalisch kann der Elektronentransfer als ein Lumineszenzlöschprozeß beschrieben werden, durch den die Fluoreszenz (S-ET) und /oder Phosphoreszenz (T-ET) des Donator-Akzeptor-Systems im Vergleich zum Verhalten separierter Donator- und Akzeptor-Moleküle gelöscht wird. Deshalb kann - wie wir im weiteren noch detaillierter sehen werden - über die Bestimmung der Abnahme der

Lebensdauern des Singulett- bzw. Triplett-Zustandes als Folge des PIET die Ratenkonstante (K_{ET}) des Elektronentransfers bestimmt werden.

4.3 Klassische Elektronentransfer-Theorie (Marcus-Theorie)

Grundlegende Arbeiten zur Elektronentransfer-Theorie wurden von Rehm und Weller [Re 69,70] und vor allem seit den 50er Jahren von Marcus [Ma 56-93] geleistet. R.A. Marcus wurde für seine Leistungen auf diesem Gebiet 1992 mit der Verleihung des Nobelpreises geehrt. Die Theorie des Elektronentransfers ist mittlerweile in einer ganzen Reihe von Büchern [Va 84, Gr 87, Fo 88, Bo 91, Ka 93] und Übersichtsartikeln [z.B. Ka 86, Gu 91, Wa 92, Ku 95] mit unterschiedlichen Schwerpunkten umfassend dargestellt, so daß an dieser Stelle lediglich auf die grundlegenden Prozesse und deren prinzipielle Beschreibung eingegangen wird.
Die potentielle Energie des Reaktantenzustandes (D^*... A) und des Produktzustandes ($D^{+\cdot}$... A^{-}) eines PIET kann als Potentialhyperfläche beschrieben werden. Sie stellt jeweils die potentielle Energie des Ensembles der Atomkerne des Gesamtsystems einschließlich der Umgebung (z.B. Lösungsmittelmoleküle) als Funktion deren Kernkordinaten dar. Sowohl der Reaktantenzustand wie auch der Produktzustand sind lokale Minima auf diesen Hyperflächen, womit der Elektronentransfer als Bewegung auf und Übergang zwischen beiden Potentialhyperflächen verstanden werden kann. Eine Beschreibung des Elektronentransfers in Abhängigkeit von allen Kernkoordinaten ist jedoch unmöglich. Deshalb faßt man in der Übergangszustandstheorie die Kernkoordinaten in einer klassisch zu behandelnden *Reaktionskoordinate* und einer oder mehreren quantenmechanisch zu behandelnden Schwingungskoordinaten zusammen. Damit wird die Potentialoberfläche auf ein eindimensionales Profil reduziert. Da die Potentialoberflächen für den Reaktanten- und Produkt-Zustand keine parabolische Form annehmen, dies jedoch für die freie Enthalpie der Fall ist, nutzt man der besseren Handhabbarkeit wegen letztere zur Beschreibung des Elektronentransfers. Abb. 4.4 zeigt einen Schnitt durch die so erhaltenen Hyperflächen der *Freien Enthalpie* (Gibbs-Energie) entlang der Reaktionskoordinate.

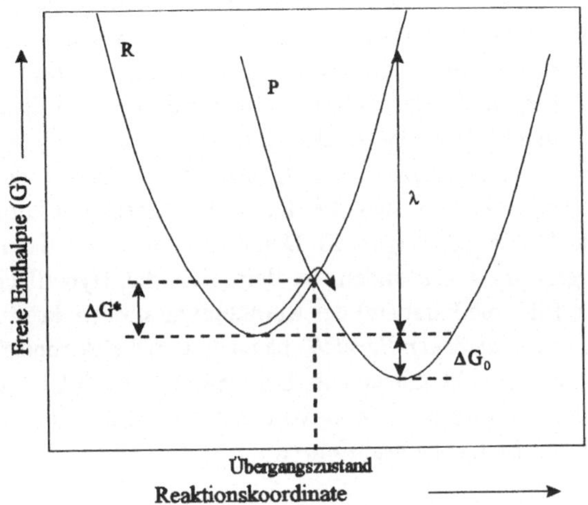

Abb. 4.4: Schnitt entlang der Reaktionskoordinate durch die Hyperflächen der
Freien Enthalpie (G) von Reaktanten(R)- und Produkt(P)-Zustand

Unter der Annahme, daß beide Parabeln die gleiche Krümmung aufweisen, können
sie vollständig mit zwei der drei Größen - der freien Reaktionsenthalpie des
Elektronentransfers ($-\Delta G_0$), der Reorganisationsenthalpie (λ) und der freien
Aktivierungsenthalpie des Elektronentransfers (ΔG^*) - beschrieben werden. Aus
geometrischen Überlegungen ergibt sich zwischen den drei Größen die Beziehung:

$$\Delta G^* = (\Delta G_0 + \lambda)^2 / 4\lambda \qquad\qquad (4.2)$$

Der physikalische Inhalt der drei Parameter kann folgendermaßen verstanden
werden. ΔG^* stellt die erforderliche Aktivierungsenthalpie für den *Vorwärts*-
Elektronentransfer dar, während ΔG_0 die Differenz der freien Enthalpien für die
Gleichgewichtszustände von Reaktant und Produkt ist. Die Reorganisationsenthalpie
$\lambda = \lambda_{in} + \lambda_{out}$ schließlich beschreibt die Änderung der freien Enthalpie, wenn man sich
den Reaktanten-Gleichgewichtszustand zum Gleichgewichtszustand des Produktes
ohne Elektronentransfer verzerrt vorstellen würde. Der Anteil λ_{in} ist
lösungsmittelunabhängig und resultiert aus den Unterschieden der Gleichgewichts-

zustände von Reaktant und Produkt, λ_{out} enthält die Lösungsmittel-Reorganisationsenthalpie und resultiert aus Unterschieden der Orientierung der Lösungsmittelmoleküle in der Umgebung des Reaktanten bzw. des Produktes. Nach der klassischen Übergangszustands-Theorie kann man sich den Elektronentransfer folgendermaßen vorstellen. Gegenüber den Kernbewegungen verläuft die Änderung der elektronischen Konfiguration sehr schnell, d.h. während des eigentlichen Elektronenüberganges ändern sich die Kern- bzw Reaktionskoordinaten nicht (Franck-Condon-Prinzip vgl. Kapitel 2). Daher kann der Elektronentransfer nur in einem *Übergangszustand* stattfinden, in dem sich die Hyperflächen (bzw. im eindimensionalen Bild: die Parabeln) der Kernkonfigurationen kreuzen. Die Breite dieses Bereichs (*Landau-Zener-Bereich*) hängt von der elektronischen Kopplung von Reaktanten- und Produkt-Zustand ab. Bei Anwendung der Übergangszustands-Theorie ergibt sich dann unter Nutzung von Gleichung 4.2 für die Ratenkonstante (erster Ordnung) des Elektronentransfers (K_{ET}):

$$K_{ET} = k_{el}\, \nu_N\, k_N = \; k_{el}\, \nu_N \, \exp\{-(\Delta G^* / k_B T)\}$$

$$= \; k_{el}\, \nu_N \, \exp\{-(\Delta G_0 + \lambda)^2 / (4\lambda k_B T)\} \qquad (4.3)$$

mit k_{el} und k_N als dem elektronischen bzw. nuklearen Transmissionskoeffizienten, der Übergangs-Kernfrequenz ν_N ($\sim 10^{13}s^{-1}$) für die Passage durch den Übergangs-zustand, k_B der Boltzmann-Konstanten und T der Temperatur. Gleichung 4.3 wird auch als *Klassische Marcus-Gleichung* bezeichnet.

Der nukleare Transmissionskoeffizient gibt die Wahrscheinlichkeit für das Erreichen des Übergangszustandes aus dem Reaktanten-Zustand an. Im Fall eines thermodynamischen Gleichgewichtes ergibt sich eine Boltzmann-Wahrscheinlichkeit. Der elektronische Transmissionskoeffizient dagegen beschreibt die Wahrscheinlichkeit eines Elektronentransfers, wenn der Übergangszustand bereits erreicht ist. In der klassischen Beschreibung ist $k_{el} \approx 1$. Somit erfolgt bei Erreichen des Übergangszustandes so gut wie immer ein Elektronenübergang: *"adiabatischer"* Elektronentransfer. Bei $k_{el} \ll 1$ hingegen findet ein *"nicht-adiabatische"* Elektronentransfer statt. Dieser Fall kann nicht mehr klassisch behandelt werden, da andere, nur quantenmechanisch beschreibbare Effekte, wie Kern- oder Elektronen-Tunnel-Effekte, zur Ratenkonstante beitragen, die im adiabatischen Fall vernachlässigbar sind.

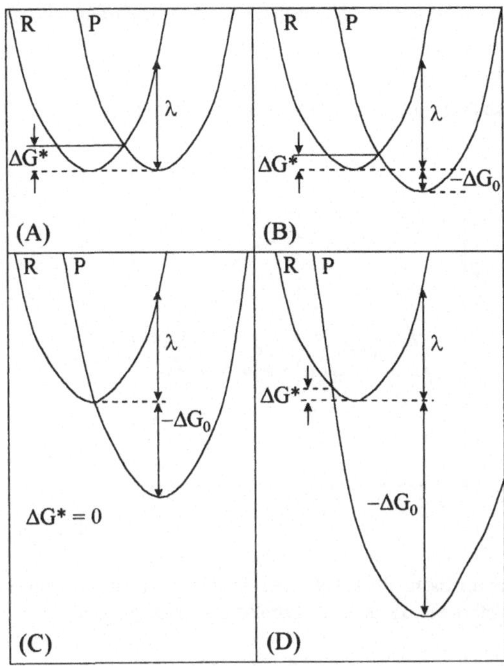

Abb. 4.5: Schnitt durch die Oberflächen freier Enthalpie von Reaktanten- und
Produkt-Zustand für einige spezielle Fälle des Elektronentransfers

Mit Hilfe von Gleichung 4.3 lassen sich nun einige Fallunterscheidungen (Abb. 4.5)
für den adiabatischen Elektronentransfer treffen. Im Fall (A) in Abb.4.5 sind für den
Reaktanten- und den Produkt-Zustand identische Parabelflächen gegeben, womit gilt
$\Delta G_0 = 0$. Damit kann aus den allgemeinen Eigenschaften von Parabeln für die freie
Aktivierungsenthalpie des Elektronentransfers (ΔG^*) abgleitet werden: $\Delta G^* = \lambda /4$.
Abb. 4.5 (B) stellt den häufig anzutreffenden Fall des Elektronentransfers mit $\Delta G_0 \neq$
0 dar. Die Produktfläche verschiebt sich vertikal mit ΔG_0 gegenüber der
Reaktantenfläche. Für moderate exergone Reaktionen wird ΔG^* abnehmen, K_{ET}
zunehmen und ΔG_0 negativer werden. Im dritten Fall (C) erreicht K_{ET} seinen
Maximalwert mit $K_{ET} = k_{el}\,\nu_N$. In diesem Fall ist $\Delta G^* = 0$ und $-\Delta G_0 = \lambda$. Besonders
interessant ist der letzte Fall (D). Hier liegt der Kreuzungspunkt der Parabeln links

von Gleichgewichtszustand des Reaktanten. ΔG_0 wird noch negativer, was einer hoch exergonen Reaktion entspricht. Damit wird K_{ET} wieder abnehmen. Physikalisch bedeutet dies, daß das Produkt zunächst in einem zunehmend verzerrten (außerhalb des Gleichgewichtszustandes liegenden) und hochenergetischem Zustand gebildet wird.

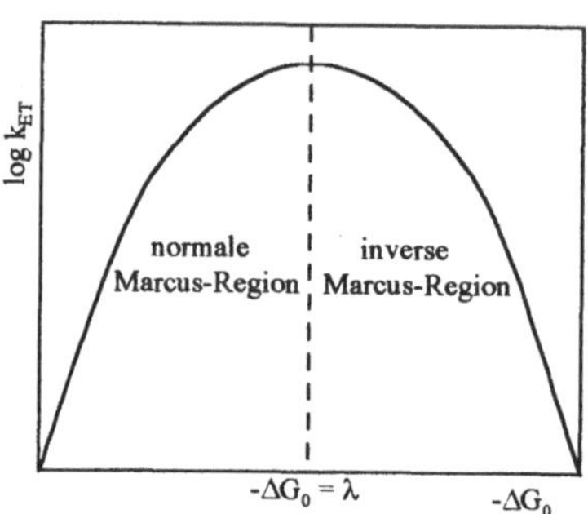

Abb. 4.6: Schematische Darstellung der Abhängigkeit der Elektronentransferrate von der Exothermizität des Überganges

Zusammengefaßt heißt dies: zunächst nimmt die Ratenkonstante mit steigender Exothermizität - also mit wachsendem $|\Delta G_0|$ bis zum Maximalwert $|\Delta G_0| = \lambda$ zu, um danach für $|\Delta G_0| < \lambda$ wieder zu fallen. Die beiden Bereiche bezeichnet man als *"normale"* und *"inverse" Marcus-Region*. In Abb. 4.6 ist diese Aussage schematisch dargestellt. Deutlich wird auch hier das Erreichen des Maximalwertes von K_{ET} bei $-\Delta G_0 = \lambda$ [vgl. Abb. 4.5 (C)].

4.4   Quantenmechanische Beschreibung

Wie bereits unter 4.3 ausgeführt, kann der nichtadiabatische Elektronentransfer, d.h. wenn die elektronische Kopplung $k_{el} \ll 1$ ist, nicht mehr im Rahmen der Marcus-Theorie verstanden werden. Solche Reaktionen finden aber z.B. in rigider Umgebung, wo Donor und Akzeptor sehr weit voneinander entfernt sein können, statt. Photoinduzierter Elektronentransfer in Festkörpern oder bei Tieftemperaturen (z.B. in Gläsern) kann mit Reaktionsraten ablaufen, die wesentlich schneller sind, als man normalerweise mit der klassischen Betrachtungsweise vorhersagen würde. Diese klassisch verbotenen Reaktionen können mit dem quantenmechanischen Phänomen des "*Tunnelns*" beschrieben werden. Dabei sind zwei Arten des Tunnelns möglich - das Kerntunneln und das Elektronentunneln. Auch zu dieser Problematik existiert eine Reihe von grundlegenden Beiträgen in der Literatur wie z.B.: [En 70, Ho 74, Jo 79, Go 86, Mi 87, Li 90, Bo 91].

Bei der quantenmechanischen Beschreibung des Elektronentransfers wird der Hamilton-Operator des Gesamtsystems in einen Anteil Nullter Ordnung und eine Störung H_{RP} zerlegt. Die Gesamtwellenfunktionen des Reaktanten- und des Produkt-Zustandes sind Eigenfunktionen des Hamilton-Operators und H_{RP} ergibt sich dann zu:

$$H_{RP} = \langle \, \psi^{\circ}_{R} \mid \mathcal{H}_{el} \mid \psi^{\circ}_{P} \, \rangle \tag{4.4}$$

mit den elektronischen Wellenfunktionen ψ°_{R} und ψ°_{P} für das Reaktanten- und Produkt-System im Gleichgewichtszustand und $\mathcal{H}_{el}$ als dem elektronischen Hamilton-Operator des Systems in Born-Oppenheimer-Näherung (vgl. Kapitel 2).

Entsprechend der Stärke der elektronischen Kopplungsenergie H_{RP} der beiden Zustände wird zwischen adiabatischem und nichtadiabatischem Elektronentransfer unterschieden. Von *adiabatischem* Elektronentransfer kann gesprochen werden, wenn H_{RP} von moderater Größe ist. Der Übergang zwischen den beiden Zuständen läuft wie in Abb. 4.7 (A) gezeigt ab. Der Elektronentransfer erfolgt über die untere Fläche und für die Elektronentransferrate gilt: $k_{el} \approx 1$. Im Fall des *nichtadiabatischen* Elektronentransfers wird wie in Abb. 4.7 (B) dargestellt H_{RP} so klein, daß faktisch keine Wechselwirkung stattfindet und $k_{el} \ll 1$ wird. Wie aus der Abbildung deutlich wird, ist nach Erreichen des Übergangszustandes sehr wohl ein "Rückfall" des Systems in den Reaktantenzustand ohne vorangehenden Elektronentransfer möglich. Wann eine Elektronentransferreaktion adiabatisch oder nichtadibatisch ist, hängt im wesentlichen vom System ab.

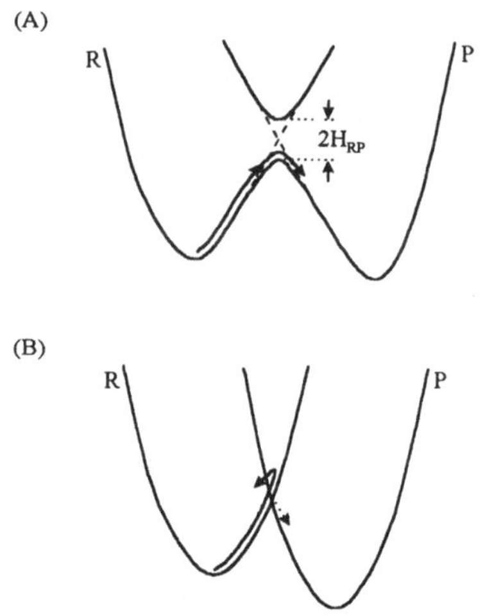

Abb. 4.7: Adiabatischer (A) und nichtadiabatischer (B) Elektronentransfer

Für typische Übergangsmetall-Redoxreaktionen konnte gezeigt werden, daß der kritische Punkt offensichtlich bei einem Wert von $H_{RP} \approx 0,025$ eV liegt. Zu beachten ist weiterhin, daß H_{RP} eine abstandsabhängige Größe ist und mit wachsendem Abstand exponentiell fällt. Adiabatische Elektronentransferprozesse sind üblicherweise bei kovalenter Bindung von Donator und Akzeptor (intramolekularer Transfer) oder auch bei van der Waals Kontakten zwischen beiden Partnern zu beobachten.

Um einen Elektronentransfer mit $k_{el} \ll 1$ erklären zu können, führt man das Konzept des *Elektronentunneln* vom Donator zum Akzeptor, bzw. des *Kerntunnelns* vom Reaktanten (R)- zum Produkt(P)- Zustand ein [Le 59]. Voraussetzung für diese Art des Elektronentransfers ist eine Überlappung der Schwingungswellenfunktionen zwischen R- und P- Zustand. Prinzipiell kann der nichtadiabatische Elektronentransfer auf drei Wegen erfolgen :

① **Elektrontunneln im Übergangszustand:** R und P haben am Kreuzungspunkt (Übergangszustand) gleiche Kernkonfigurationen. In diesem Fall besteht auch bei sehr kleinem H_{RP} eine endliche Wahrscheinlichkeit für ein Elektrontunneln. Dieses ist temperaturunabhängig, wohingegen die Gesamtreaktionsrate wegen der Aktivierung zur Erreichung des Kreuzungspunktes temperaturabhängig ist.

② **Aktiviertes Kerntunneln:** Das System befindet sich nicht im Kreuzungspunkt, aber die Systeme sind nahe genug für ein Kerntunneln von R nach P. Wenn der Prozeß in einem thermisch aktivierten Zustand abläuft wird die Reaktionsrate wiederum temperaturabhängig sein.

③ **Temperaturunabhängiges Elektrontunneln:** Dieser Prozeß ist bei niedrigen Temperaturen zu beobachten und resultiert aus einem Kerntunneln vom niedrigsten Schwingungszustand von R nach P.

Auch im quantenmechanischen Modell werden Donator und Akzeptor als ein System behandelt. Die Anwendung der zeitabhängigen Störungstheorie liefert dann eine Übergangsratenkonstante ω_j für einen Übergang von einem Niveau j im Reaktanten-Zustand zu einem Ensemble von Niveaus i im Produkt-Zustand in folgender Form:

$$\omega_j = (2\,\pi\,/\,\hbar)\,H^2_{RP} \sum_i \langle\, X^\circ_{Pi}\, |\ X^\circ_{Rj}\rangle^{\,2}\ \delta\,(\varepsilon_{Pi} - \varepsilon_{Rj}) \tag{4.5}$$

X°_{Pi} und X°_{Rj} stellen die Schwingungswellenfunktionen im Gleichgewichts-Produkt- bzw. Reaktanten-Zustand dar, ε_{Pi} und ε_{Rj} sind die Schwingungsenergien für das Niveau i von P bzw. für j von R. Die Summation läuft über alle Schwingszustände (inklusive Lösungsmittel-Schwingungen) im P-Zustand. δ ist die Dirac-δ-Funktion zur Sicherstellung der Energieerhaltung ($\delta = 0$, wenn $\varepsilon_{Pi} \neq \varepsilon_{Rj}$ und $\delta = 1$, wenn $\varepsilon_{Pi} = \varepsilon_{Rj}$). $\langle\, X^\circ_{Pi}\, |\ X^\circ_{Rj}\rangle^{\,2}$ schließlich ist der Franck-Condon-Faktor (FCF_{ij}) für die Niveaus i und j. Mit einer Summierung von ω_j über alle Schwingungszustände j des Reaktantenzustandes, die jeweils mit der Boltzmann-Wahrscheinlichkeit $P(\varepsilon_{Rj})$ gewichtet werden:

$$P(\varepsilon_{Rj}) = \{\exp[\,-\varepsilon_{Rj}\,/\,k_B T]\,\}\,/\,\{\,\sum_j \exp[-\varepsilon_{Rj}\,/\,k_B T]\,\} \tag{4.6}$$

erhält man für die Ratenkonstante des Elektronentransfer erster Ordnung :

$$K_{ET} = \sum_j \omega_j\, P(\varepsilon_{Rj}) \tag{4.7}$$

$$K_{ET} = (2\,\pi\,/\,\hbar)\,H^2_{RP} \sum_j\sum_i \langle\, X^\circ_{Pi}\, |\ X^\circ_{Rj}\rangle^{\,2}\,P(\varepsilon_{Rj})\ \delta\,(\varepsilon_{Pi} - \varepsilon_{Rj}) \tag{4.8}$$

$$K_{ET} = (2\,\pi\,/\,\hbar)\,H^2_{RP}\,FCWD \tag{4.9}$$

worin FCWD die Franck-Condon gewichtete Zustandsdichte ist.

Würde man eine totale Quantenanalyse durchführen, müßte in (Gl. 4.8) über alle System- und Lösungsmittel-Schwingungsmoden summiert werden. Da die Lösungsmittel-Schwingungsmoden jedoch gewöhnlich bei niedrigen Frequenzen liegen, werden sie meist klassisch behandelt. In die quantenmechanische Betrachtung gehen dann nur die systemeigenen Schwingungen ein. Unter dieser Voraussetzung kann (Gl. 4.9) als *semiklassische Marcus-Gleichung* notiert werden:

$$K_{ET} = (2\,\pi\,/\,\hbar)\,H^2_{RP}\,(4\pi\,\lambda_{out}\,k_BT)^{-1/2}\,\sum_j\sum_i\,\langle\,X^\circ_{Pi}\,|\,X^\circ_{Rj}\,\rangle^2\,P(\varepsilon_{Rj})$$

$$\cdot\,\exp\{-(\Delta G^\circ + \varepsilon_{Pi} - \varepsilon_{Rj} + \lambda_{out})^2\,/\,(4\lambda_{out}\,k_BT)\} \tag{4.10}$$

Bei verschiedenen Betrachtungen, z. B. von Jortner [Jo 79], Meyer [Me 83] oder Miller [Mi 84] wurde vorgeschlagen, die relevanten hochfrequenten Schwingungsmoden im Reaktanten-Zustand durch eine mittlere Mode mit einer festen Frequenz zu ersetzen, was die Diskussion weiter vereinfacht. In der normalen Marcus-Region ($-\Delta G^\circ < \lambda$) kann dann für K_{ET} geschrieben werden:

$$K_{ET} = (2\,\pi\,/\,\hbar)\,H^2_{RP}\,(4\pi\,\lambda\,k_BT)^{-1/2}\,\exp\{-(\Delta G^\circ + \lambda)^2\,/\,(4\lambda\,k_BT)\} \tag{4.11}$$

Diese Notierung wird als *"Hochtemperatur-Grenzfall"* der semiklassischen Marcus-Gleichung bezeichnet und ist äquivalent mit (Gl. 4.3):

$$k_{el}\,\nu_N = (2\,\pi\,/\,\hbar)\,H^2_{RP}\,(4\pi\,\lambda\,k_BT)^{-1/2} \tag{4.12}$$

Somit können die klassischen Enthalpiediagramme zur Reinterpretation von $k_{el}\,\nu_N$ genutzt werden.

4.5   Beispiele

Die Aufklärung der Mechanismen des Elektronentransportes (ET) ist von allgemeiner Bedeutung für das Verständnis der Funktion biologischer Systeme. Das außerordentliche Interesse an dieser Problematik erklärt sich vor allem aus ihrer Bedeutung für die Energieumwandlung und -speicherung. So bestehen heute recht detaillierte Vorstellungen über die Struktur und Funktion der Elektronentransportketten in den Membranen der Mitochondrien, der Chloroplasten grüner Pflanzen und den Chromatophoren photosynthetisch aktiver Bakterien. Darüber hinaus ist vor allem der Photoinduzierte Elektronentransfer (PIET) für eine Reihe von Anwendungen, wie z.B. die Xerographie, die Entwicklung von Solarzellen zur Nutzung von Sonnenenergie oder die künstliche Photosynthese von wachsendem Interesse. Aus diesem Grund nimmt die Untersuchung beider Formen - des inter- und des intramolekularen PIET - einen breiten Raum in der heutigen interdisziplinären Forschung ein.

Bei der Suche nach möglichen biomimetischen Systemen der Photosynthese nahmen in den vergangenen Jahren vor allem systematische Untersuchungen zum intramolekularen PIET in Porphyrin - Akzeptor -Diaden, -Triaden, -Tetraden und - Pentaden einen zentralen Platz ein (z.B. [Wa 84], [Mo 84], [Gu 87], [Gu 90]). Ziel dieser Arbeiten war es, Modelle für einen sequentiellen ET zur Generierung langlebiger ladungsseparierter Zustände zu schaffen und gleichzeitig den Einfluß von Donator-Akzeptor-Orientierung, -Abstand u.a. den ET beeinflussender Faktoren zu untersuchen.

Entsprechend den im ersten Kapitel diskutierten Prinzipien der Organisation von biologischen Struktureinheiten werden in zunehmendem Maße auch gerichtete intermolekulare ET-Prozesse in mikroheterogenen Systemen wie z.B. Mizellen, Liposomen oder Langmuir-Blodgett-Filmen sowie Assemblagen untersucht. Durch die unterschiedlichen Eigenschaften der einzelnen Bereiche des Systems kann - ähnlich wie im biologischen Vorbild - eine räumliche Trennung der ET-Produkte erfolgen und dadurch die Lebensdauer des ladungsseparierten Zustandes vergrößert werden. Im Resultat dieser Untersuchungen erhofft man sich die Entwicklung biomimetischer Systeme zur Umwandlung und Speicherung von Sonnenenergie.

Zur Illustration der bisherigen Ausführungen wird im nachfolgenden Abschnitt am einfachen Beispiel einer Porphyrin-Chinon-Diade die Nutzung optischspektroskopischer Methoden und die Anwendug der Marcus-Theorie zur Bestimmung von Parametern des photoinduzierten Elektronentransfers demonstriert.

4.5.1 Porphyrin-Chinon-Diade

Die Struktur der in [Zi 97] untersuchten Substanzen ist in Abb. 4.8 dargestellt. Im weiteren Verlauf dieses Abschnittes werden der Anschaulichkeit wegen ausschließlich die Eigenschaften der Diade 1 im Vergleich zum Porphyrin 2a diskutiert.

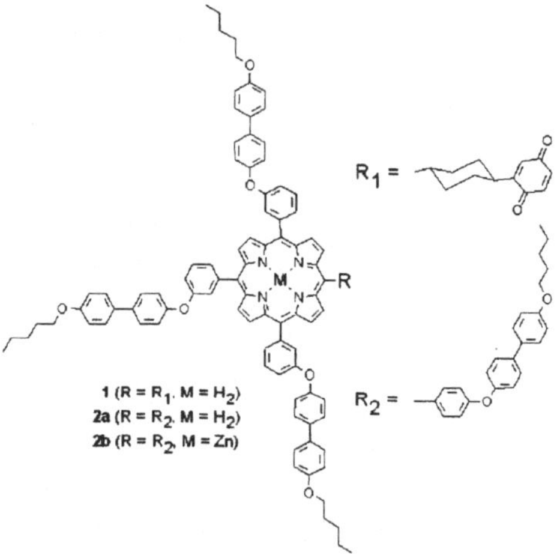

Abb. 4.8: Strukturformeln des (1) Porphyrin-Chinons und der (2a, 2b) Porphyrine nach [Zi 97]

Bevor mit der Untersuchung des PIET begonnen wird, ist es wichtig, sich zu vergewissern, ob eine elektronische Wechselwirkungen zwischen dem kovalent gebundenen Porphyrin und dem Chinon im Grundzustand vorliegt. Dazu werden die Absorptions- und Fluoreszenzspektren gemessen. Wie aus Abb. 4.9 ersichtlich ist, stellt das Absorptionsspektrum eine Superposition der Spektren der beiden Komponenten der Diade dar. Ein gleiches Verhalten wurde für die Fluoreszenz gefunden [Zi 97]. Somit kann eine elektronische Wechselwirkung zwischen den Bestandteilen der Diade im Grundzustand ausgeschlossen werden.

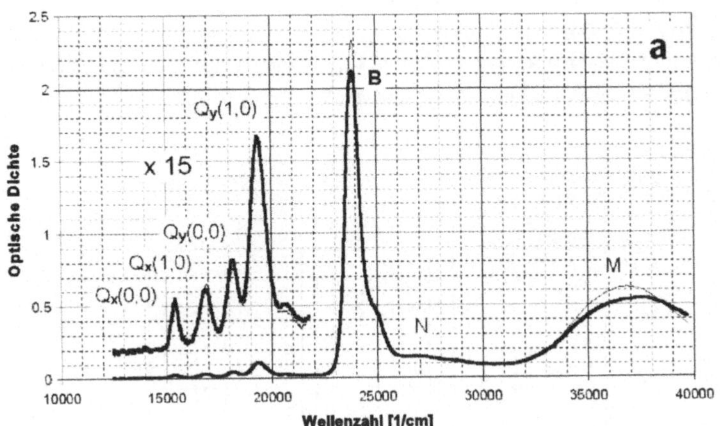

Abb. 4.9: Absorptionsspektrum des Porphyrins 2a (dünne Linie) und der
Diade (dicke Linie) in Dichlormethan (DCM)

Wie in den vorhergehenden Abschnitten ausgeführt, kann der nichtadiabatische ET mit der Marcus-Theorie beschrieben werden. Der Reaktantenzustand kann entweder der erste angeregte Singulett- oder Triplettzustand sein. Da der ET in der Diade als zusätzlicher Desaktivierungsprozeß des Porphyrins (Donator) auftritt, verursacht er eine Verkürzung der Lebensdauer des angeregten Zustandes. Somit kann die Elektronentransferrate (K_{ET}) für einen Singulett- oder Triplett- ET aus der Fluoreszenz- bzw. Phosphoreszenzlebensdauer des Porphyrins τ_1 und der Diade τ_2 (zusätzlicher ET) bestimmt werden:

$$K_{ET} = \frac{1}{\tau_2} - \frac{1}{\tau_1} \qquad\qquad (4.13)$$

Die Fluoreszenzabklingzeit (τ_{Fl}) des Porphyrins 2a und der Diade in DCM wurden mit der Methode der Zeitkorrelierten Einzelphotonen-Zählung (TCSPC=Time-Correlated-Single-Photon-Counting) bei 289K zu 8,6ns und 230ps bestimmt. Daraus läßt sich unter der Annahme eines ausschließlichen Singulett-ET mit Hilfe von Gl. 4.13 die ET-Rate zu $4{,}2{\cdot}10^9 s^{-1}$ bestimmen.

Zur Ermittlung der freien Aktivierungsenthalpie (ΔG^*) wird entsprechend Gl. 4.3 die Fluoreszenzabklingzeit in Abhängigkeit von der Temperatur gemessen und die Größe ln ($K_{ET} \cdot T^{1/2}$) gegen 1/T aufgetragen (Abb. 4.10). Der Anstieg der angepaßten Geraden ergibt die Größe von (- $\Delta G^*/kT$), woraus folgt, daß die Aktivierungsenthalpie des ET im vorliegenden System $\Delta G^* = 36\,\text{meV}$ ist.

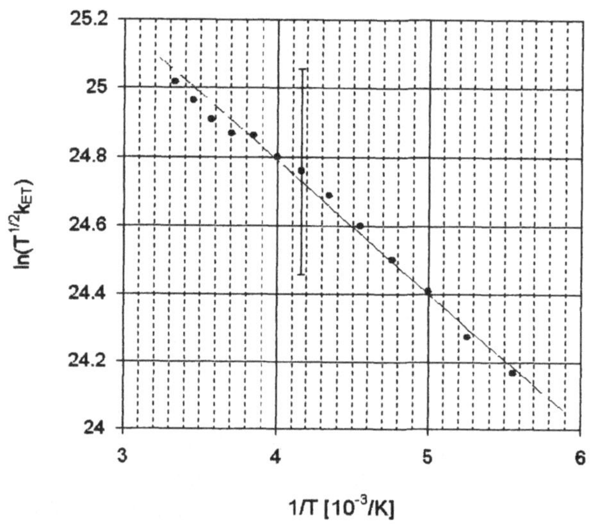

Abb. 4.10: Darstellung der Temperaturabhängigkeit der ET-Rate
für die Diade in DCM (nach [Zi 97])

Alle bisherigen Betrachtungen wurden unter der Annahme eines ausschließlichen Singulett-ET in der Diade durchgeführt. Zur Beantwortung der Frage, ob und in welchem Maße ein Triplett-ET stattfinden könnte, sollten nun die Phosphoreszenzablingzeiten (τ_{Ph}) bestimmt werden. Die Ermittlung von τ_{Ph} ist wesentlich komplizierter als die von τ_{Fl}, da es sich bei der Phosphoreszenz um einen spin-verbotenen Prozeß handelt, woraus sehr geringe Quantenausbeuten resultieren (vgl. Kapitel 2). Hinzu kommt, daß die Phosphoreszenzquantenausbeute von Porphyrinen zusätzlich durch einen sehr effizienten Energietransfer zu molekularem Sauerstoff (vgl. Kapitel 1 und 6) in der Lösung herabgesetzt wird. Im Resultat entsteht Singulettsauerstoff ($^1O_2$). Aus diesem Grund werden Phosphoreszenzmessungen an Porphyrinen in der

Regel an eingefrorenen oder entgasten Proben durchgeführt. Eine derartige Probenpräparation würde jedoch die Eigenschaften unseres Systems wesentlich verändern. Um nun eine Aussage über die Rolle eines möglichen Triplett-ET in der Diade bei Raumtemperatur zu erhalten, kann die Methode des Nachweises der $^1O_2$-Lumineszenz mit λ_{max} bei 1269nm (7874cm^{-1}) genutzt werden (vgl. Kapitel 6).

Dabei wird von der Überlegung ausgegangen, daß die Intensität der $^1O_2$-Lumineszenz proportional zur Besetzung des T_1-Zustandes und der Quantenausbeute des Energietransfers zu molekularem Sauerstoff ist. Indem die Intensität der $^1O_2$-Lumineszenz bei gleichen Bedingungen (T=298K) wie die Fluoreszenz gemessen wird, erhält man einen indirekten Vergleich der Besetzung des T_1-Zustandes für das Porphyrin und die Diade unter den gegebenen Versuchsbedingungen (Abb. 4.11).

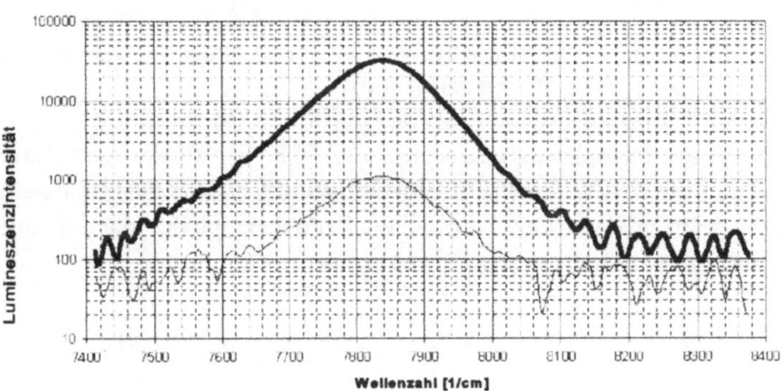

Abb. 4.11: Stationäre Singulettsauerstofflumineszenz des Porphyrins
(dicke Linie) und der Diade 2a in DCM bei 298K (nach [Zi 97])

Wie aus der Abbildung zu entnehmen ist, zeigt die Diade eine stark reduzierte $^1O_2$-Lumineszenz. Aus den Messungen ergibt sich ein Verhältnis der Intensitäten der $^1O_2$-Lumineszenz für die Diade zum Porphyrin 2a von 1:34. Da die Fluoreszenzintensität in der gleichen Größenordnung (1:36) reduziert ist [Zi 97], kann die Schlußfolgerung gezogen werden, daß in der Diade kein signifikanter Triplett-ET bei Raumtemperatur abläuft.

Zur Bestimmung der fehlenden Größen für die Berechnung der Lebensdauer des ladungsseparierten Zustandes (τ_{CR}) werden die Transienten Absorptionsspektren (vgl. Punkt 2.3) beider Komponenten bei unterschiedlichen Verzögerungszeiten aufgenommen [Zi 97]. Mit diesen Kenntnissen ist es nunmehr möglich, zur Berechnung von τ_{CR} der Diade ein Termschema für die am ET beteiligten vier elektronischen Zustände aufzustellen (Abb. 4.12). Unter der Annahme einer

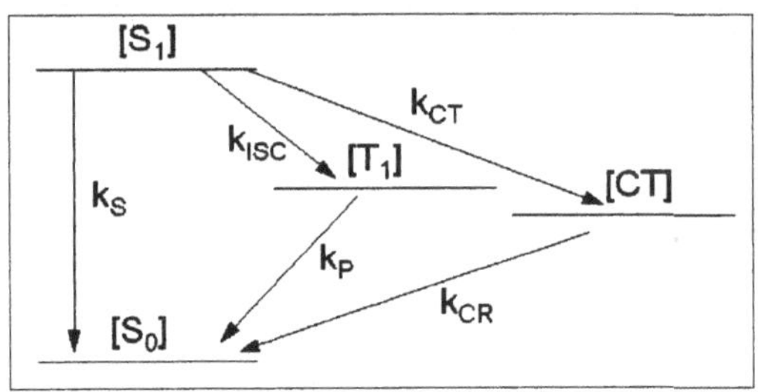

Abb. 4.12: Termschema zur Beschreibung der photophysikalischen Prozesse im Porphyrin-Chinon (nach [Zi 97]Erläuterungen im Text)

"unendlich" langen Phosphoreszenzlebensdauer (d.h. $k_P = 0$, da keine Interkombination (ISC) vom T_1-Zustand zum Singulett-Grundzustand im Zeitbereich der Fluoreszenz stattfindet), kann für die Zeitabhängigkeit der Transienten Absorptionssättigung ($\Delta[S_0]$) geschrieben werden:

$$\Delta[S_0] = -N\left[\left(1 - \Phi_{ISC} - \frac{\Phi_{CT}}{1-(\tau_S/\tau_{CR})}\right)\exp(-t/\tau_S) + \Phi_{ISC} + \frac{\Phi_{CT}}{1-(\tau_S/\tau_{CR})}\exp(-t/\tau_{CR})\right] \tag{4.14}$$

worin N die Anzahl der zu Beginn der Betrachtung angeregten Moleküle, Φ_{ISC} und Φ_{CT} die Quantenausbeuten der Interkombination bzw. der Ladungsrekombination sowie τ_S die Fluoreszenzabklinzeit und τ_{CR} die Abklingzeit des ladungsseparierten Zustandes sind. In Abb. 4.13 ist die Zeitabhängigkeit der Absorptionssättigung der Diade bei 516nm, d.h. in der $Q_y(1,0)$-Bande des Porphyrins dargestellt.

Die Kurve in Abb. 4.13 ist das Resultat einer doppeltexponentiellen Anpassung unter Nutzung der gemessenen Fluoreszenzabklingzeit und Annahme eines aus der Triplettbesetzung folgenden konstanten Untergrundes (vgl. Gl. 4.14). Aus dem numerischen Fit ergibt sich für die Abklingzeit des ladungsseparierten Zustandes $\tau_{CR}=1,9$ns.

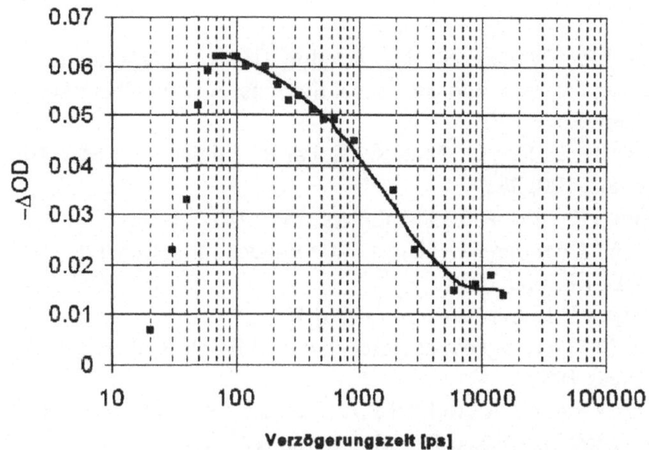

Abb. 4.13: Darstellung der Transienten Absorptionssättigung der Diade bei 516nm
in Abhängigkeit von der Verzögerungszeit (nach [Zi 97])

Basierend auf den optischen Messungen (stationäre Absorption, Fluoreszenz und
Singulettsauerstofflumineszenz, zeitaufgelöste Absorption und Fluoreszenz) sowie
der Kenntnis des Redoxpotentials und der Donator-Spacer-Akzeptor-Geometrie
können weitere Parameter des ET (Reaktionsenthalpie, Reorganisationsenthalpie,
elektronische Kopplung usw.) bestimmt werden [Zi 97].

4.6 Literatur

[Bo 91] Bolton J.R., Mataga N., Mc Lendon (Hrsg.): Electron Transfer in Inorganic, Organic, and Biological Systems, Adv. in Chem Ser. 228, Am.Chem.Soc., 1991

[De 84] Deisenhofer J., Epp O., Miki K., Huber R., Michel H.: J.Mol. Biol. 180 (1984) 180, 385

[En 70] Engleman R., Jortner J.: J.Mol.Phys. 18 (1970) 145

[Fo 88] Fox M.A., Channon M. (Hrsg.): Photoinduced Electron Transfer, Part A-D, Elsevier 1988

[Go 86] Goldanskii V.I.: Sci.Am. 254 (1986] 46

[Gr 87] Grätzel M.: Heterogeneous Photochemical Electron Transfer, CRC Press 1987

[Gu 87] Gust D., Moore T.A., Liddell P.A., Nemeth G.A., Making L.R., Moore L.R., Barrett D., Pessiki P.J., Bensasson R.V., u.a.: J.Am.Chem.Soc. 107 (1987) 846

[Gu 90] Gust D., Moore T.A., Moore A.L., Lee S.-J., Bittersmann E., u.a.: Science 248 (1990) 199

[Gu 91] Gust D., Moore T.A.: Adv. in Photochem. 16 (1991) 1

[Ho 74] Hopfield J.J.: Proc.Natl.Acad.Sci. USA 71 (1974) 3640

[Jo 79] Jortner J.: J.Phil.Mag.B 40 (1979) 317

[Ka 86] Kavarnos G.J., Turro N.J.: Chem.Rev 86 (1986) 401

[Ka 93] Kavarnos, G.J.: Fundamentals of Photoinduced Electron Transfer, VCH Publ. Inc. 1993

[Ko 98] Abdruck mit freundlicher Genehmigung von Dr. O.Korth

[Ku 95] Kurreck H., Huber M.: Angew. Chem. 107 (1995) 929

[Le 59] Levich V.G., Dogonadze R.R.: Dokl. Akad. Nauk SSSR 124 (1959) 123 und (in engl.) Dokl.Phys.Chem.124 (1959) 9

[Li 90] Liang N., Closs G., Miller I.: J.Am.Chem.Soc. 112 (1990) 5353

[Ma 56] Marcus R.A.:J.Chem.Phys. 24 (1956) 966

[Ma 63] Marcus R.A.:J.Phys.Chem. 67 (1963) 853

[Ma 65] Marcus R.A.:J.Chem.Phys. 43 (1965) 679

[Ma 85] Marcus R.A., Suttin M.D.: BBA 811 (1985) 26579

[Ma 93] Marcus R.A.: Angew. Chem. 105 (1993) 1161

[Me 83] Meyer T.J.: Prog. Inorg.Chem. 30 (1983) 389

[Mi 84] Miller J.R., Beitz J.V., Ruddleston R.K.J.: J.Am.Chem.Soc. 106 (1984) 5057

[Mi 87] Mikkelson K.V., Ratner M.A.: Chem.Rev. 87 (1987) 113

[Mo 84] Moore T.A., Gust D., Mathis P., Mialocq J.C., Chachaty C., Bensasson R.V., Land E.J., Doizi D., Liddell P.A., Nemeth G.A., Moore A.L.: Nature 307 (1984) 630

[Pe 82] Pearlstein R.M.: Photochem.Photobiol. 35 (1982) 835

[Re 69] Rehm D., Weller A.: Ber. Bunsenges.Phys.Chem. 73 (1969) 834

[Re 70] Rehm D., Weller A.: Isr.J.Chem. 8 (1970) 259

[Va 84] DeVault D.: Quantum-mechanical tunneling in biological systems, Cambridge University Press 1984

[Zi 97] Zimmermann J., von Gersdorff J., Kurreck H. Röder B.: J.Photochem. Photobiol.B:Biol. 40 (1997) 209

[Wa 92] Wasielewski M.R.: Chem.Rev. 92 (1992) 435

[Wa 84] Wasielewski M.R., Niemczyk M.P.: J.Am.Chem.Soc. 106 (1984) 5043

5 Der Photodynamische Effekt

Neben der "unmittelbaren" Schädigung von Biomolekülen nach Absorption von UV-Strahlung kann auch sichtbares Licht, das nicht von Biomolekülen wie DNS, Proteinen oder Lipiden (vgl. Kapitel 1) absorbiert wird, über den Mechanismus der *Photosensibilisierung* auf diese Moleküle einwirken. Nach Blum [Bl 64] versteht man unter solchen Prozessen Reaktionen, die durch sichtbares Licht in biologischen Systemen induziert werden und bei denen molekularer Sauerstoff verbraucht wird. Obwohl heute auch UVA (320-400nm) induzierte Reaktionen zu den photosensibilisierten Prozessen gerechnet werden und von einigen Sensibilisatoren bekannt ist, daß sie auf radikalischem Wege - ohne Verbrauch von Sauerstoff (vgl. Kapitel 5.1) - wirksam werden, ist diese Definition noch immer gebräuchlich.

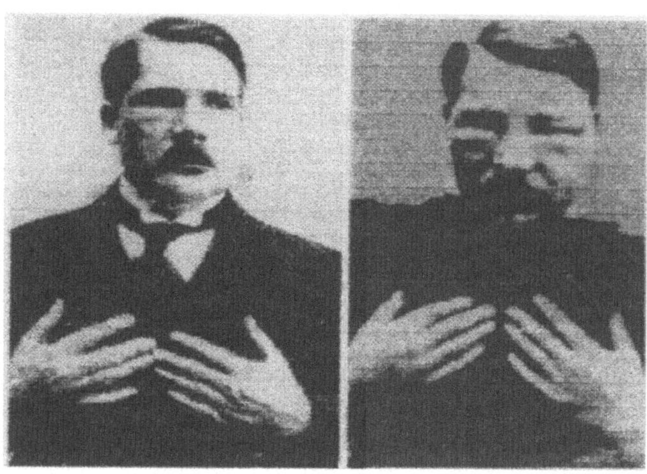

Abb. 5.1: Selbstversuch von Meyer-Betz zur photosensibilisiserenden Wirkung von Hämatoporphyrin: links - vor und rechts nach Lichtexposition (aus [Me 13])

Erstmals wurde der Effekt der Photosensibilisierung von v. Tappeiner [Ta 00] Ende des vergangenen Jahrhunderts an Einzellern beobachtet. Nach Anfärbung der Zellen und unter Lichteinwirkung stellte er ein vermehrtes Absterben der Zellen fest. Er erkannte sehr wohl das therapeutische Potential dieser Entdeckung und veröffentlichte bereits 1903 [Ta 03] Vorschläge für eine Nutzung des *photodynamischen Effektes* in der Therapie von Hauterkrankungen. Meyer-Betz [Me 13] zeigte in seinem mittlerweile berühmten Selbstversuch, den er im Verlauf seiner Untersuchung der erhöhten Photosensibilisierung der Haut in Begleitung von Porphyrin-Stoffwechsel-Erkrankungen durchführte, den ursächlichen Zusammenhang zwischen Photosensibilisierung und freien Porphyrinen in der Blutbahn.

Mit diesen beiden Entdeckungen war der Weg für einen gezielten Einsatz von Tetrapyrrolen und anderen Farbstoffen für die Nutzung in nichtinvasiven Therapieformen im Wesentlichen aufgezeigt. Intensive Forschungsarbeiten, insbesondere in den 40er Jahren [Vo 54, Br 59], waren der Untersuchung der potentiellen Möglichkeiten der Nutzung der Photosensibilisierung gewidmet. Dennoch war der Mechanismus des beobachteten Effektes lange unklar. Der molekulare Mechanismus der ablaufenden Primärprozesse wurde 1968 von Foote [Fo 68] in einer Arbeit zusammenfassend dargelegt, wobei er die besondere Bedeutung von Singulettsauerstoff für den Ablauf *photodynamischer Prozesse* hervorhob. Danach wurde relativ wenig auf diesem Gebiet gearbeitet. Erst mit Entwicklung der Laser- und Lichtleittechnik, die eine Einführung von Licht auch in Körperöffnungen ermöglicht, fokussierte sich ab Mitte der 70er Jahre das Interesse erneut auf die Erforschung und Nutzung des photodynamischen Effektes, insbesondere für die Entwicklung neuer nichtinvasiver Methoden der *Krebstherapie* [Tr 90], von Hauterkrankungen wie *Psoriasis* [Rö 84] oder aber auch dem photoinduzierten Strangbruch von DNS-Molekülen .

5.1   Der Mechanismus der Photosensibilisierung

Der molekulare Mechanismus der Photosensibilisierung kann mit Hilfe der folgenden Abbildung (Abb. 5.2) erläutert werden. Nach Absorption eines Lichtquants geht das Sensibilisatormolekül entweder direkt in den ersten angeregten Singulettzustand über oder aber relaxiert nach Anregung in einen höheren Singulettzustand über einen IC-Prozeß in den ersten angeregten Singulettzustand. Aus dem S_1-Zustand sind sowohl Ladungstransferprozesse (vgl. Kapitel 4) wie auch Energietransfer-Prozesse (vgl. Kapitel 3) möglich. Seit einiger Zeit wird auch die Möglichkeit einer Photosensibilisierung aus höher angeregten Singulettzuständen bei Nutzung von ps-Laserimpulsen diskutiert, die jedoch bisher keine praktische Relevanz erreicht hat.

Bei sehr hoher ISC-Quantenausbeute, wie sie für einen Photosensibilisator vorausgesetzt wird, sind die vom langlebigen T_1-Zustand ausgehenden Ladungs- und Energietransfer-Prozesse wesentlich. Prinzipiell unterscheidet man zwischen zwei Möglichkeiten der Photosensibilisierung, dem Typ I (Ladungstransfer) und dem Typ II (Energietransfer). Beim Typ I erfolgt eine Radikalbildung (Abb. 5.2 und 5.3), die nachfolgende Dunkelreaktionen initiiert. Der entscheidende Schritt beim zweiten Typ der Photosensibilisierung besteht in der Energieübertragung auf molekularen Sauerstoff unter der Bildung von Singulettsauerstoff.

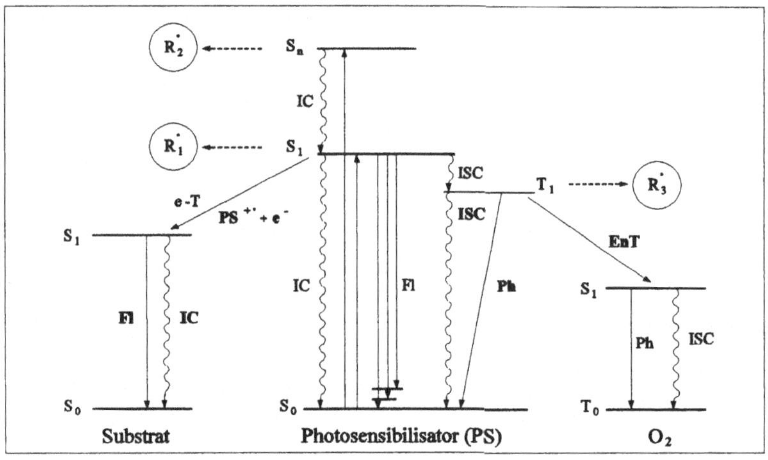

Abb. 5.2.: Darstellung der Photosensibilisierung anhand des Jablonski-Diagrammes
e-T: Elektronentransfer; EnT: Energietransfer; R⁻ : Radikale

Nach Energieabgabe an den Sauerstoff liegt das Sensibilisatormolekül wieder im Grundzustand vor und kann von neuem nach Absorption eines Lichtquants Energie abgeben. Mit anderen Worten - das Sensibilisatormolekül verhält sich in diesem Fall wie ein "Katalysator". Bei moderater Wahl der Bestrahlungsdosis (die ein "Ausbleichen", d.h. eine Photooxydation oder Photodestruktion des Moleküls verhindert) kann von einem Sensibilisatormolekül eine Vielzahl von reaktiven Sauerstoffspezies generiert werden. Die beiden genannten Prozesse der Photosensiblisierung laufen normalerweise in Konkurrenz ab. Bei ausreichendem Sauerstoffgehalt und neutralem bis physiologischem ph-Wert wird in der Regel jedoch der Typ II Mechanismus dominieren. Bei einigen einfachen Modellsystemen, wie z.B. Cystein in Wasser, kann anhand des Photoproduktes auf den Mechanismus der Photosensibilisierung geschlossen werden. Beide Typen der Photosensibilisierung laufen in Gegenwart von Sauerstoff ab. Entsprechend wurde der Prozeß der Photosensibilisierung durch Blum definiert. In jüngerer Zeit unterscheidet man zusätzlich einen Typ III Mechanismus [La 86]. In diesem Fall verläuft die Sensibilisierung ebenfalls über eine Radikalbildung, jedoch in Abwesenheit von Sauerstoff. Als Beispiel für einen solchen Prozeß sei die Interkalation von *Psoralen* in die DNS [La 86] erwähnt. In diesem erweiterten Verständnis der Photosensibilisierung lassen sich auch *Elektronentransfer-Prozesse* (vgl. Kapitel 4) als photosensibilisierte Reaktionen verstehen. In der nachfolgenden Darstellung (Abb 5.3) sind die möglichen Reaktionen des Sensibilisators aus dem Triplettzustand zusammengefaßt. Neben der Bildung von Singulettsauerstoff (Typ II), der in Wechselwirkung mit Substratmolekülen oder Wasser die Generierung von Sauerstoff- u.a. Radikalen bewirken [Ha 89] kann, ist auch eine Reaktion mit

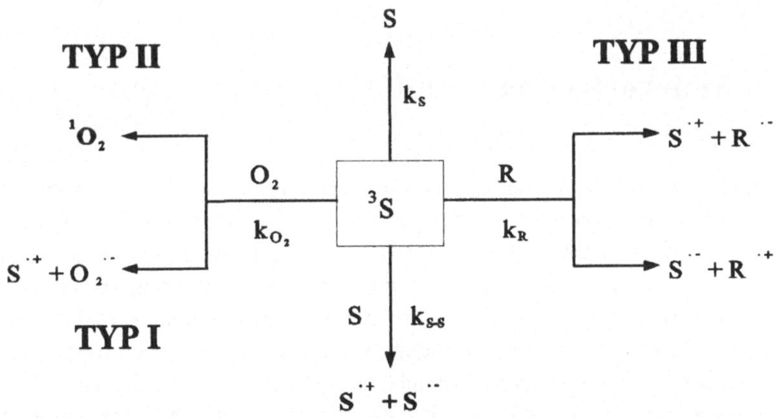

Abb. 5.3: Primärprozesse der Photosensibilisierung

S - Sensibilisator, R - Substratmolekül, k - Ratenkonstanten molekularem Sauerstoff nach Typ I unter der direkten Bildung von Sauerstoffanionradikalen ($\cdot O^-_2$) möglich. Diese Reaktion tritt jedoch nur bei sehr hohen lokalen Konzentrationen als Konkurrenzprozeß zur Energieübertragung auf. Weiterhin ist immer mit einem gewissen Anteil an Sensibilisatormolekülen zu rechnen, die ohne Wechselwirkung mit Sauerstoff oder anderen Substratmolekülen (z.B. Lipoide oder Proteine) in den Grundzustand übergehen. Diese Desaktivierung kann sowohl als monomolekularer wie auch als bimolekularer Prozeß ablaufen. Des weiteren kann entsprechend der Sensibilisierung nach Typ III auch ein direkter Ladungstransfer zwischen Sensibilisator und Substrat ohne die Beteiligung von molekularem Sauerstoff stattfinden. Entscheidend für die Richtung des Elektronentransfers ist das Redoxpotential der beteiligten Moleküle (vgl. Kapitel 4). Wegen der hohen Effizienz der Photosensibilisierung nach Typ II ist dieser Mechanismus für die Photomedizin von ganz besonderem Interesse, kann dabei doch mit geringen Konzentrationen von Farbstoffmolekülen eine maximale phototoxische Wirkung erzielt werden. Da sowohl bei Typ I wie auch bei Typ II der Photosensibilisierung aktivierte Spezies des molekularen Sauerstoffs eine Schlüsselrolle spielen, wollen wir uns im weiteren etwas ausführlicher mit deren Eigenschaften befassen.

5.2 Molekularer Sauerstoff (O_2)

Sauerstoff spielt für das Leben auf der Erde eine entscheidende Rolle. Neben der Unterteilung in *autotrophe* und *heterotrophe* Organismen unterscheidet man deshalb auch *aerobe* und *anaerobe* Lebewesen. Mit der Herausbildung des Photosynthese-apparates war für die Organismen die Notwendigkeit entstanden, ein möglichst kleines, leicht zu transportierendes, im Grundzustand chemisch inertes Molekül zur Gewinnung freier Enthalpie zur Verfügung zu haben, das jedoch am Reaktionsort möglichst leicht in einen reaktiven Zustand überführt (aktiviert) werden kann. Dabei entwickelten sich in der Natur zunächst parallel zwei Varianten unter der Verwendung von Schwefel und Sauerstoff. Cyanopurpurbakterien, deren autotrophe Lebensweise auf der Spaltung von Schwefelwasserstoff basiert, existieren heute noch, erfuhren jedoch keine Weiterentwicklung. Wesentlich interessanter verlief hingegen die Entwicklung der Lebewesen, die mittels elektromagnetischer Strahlung unter Nutzung von Chlorophyllen Wasser in molekularen Sauerstoff und Wasserstoff spalten. In Abbildung 0.2 ist das Zusammenspiel von heterotrophen und autotrophen

Organismen auf der Erde dargestellt. Aus der Abbildung wird die Schlüsselrolle des molekularen Sauerstoffes für die Aufrechterhaltung der endogenen Stoffwechsel-prozesse der heterotrophen Organismen deutlich. Dennoch weisen biologische Systeme in der Regel eine nur sehr geringe Toleranz gegenüber einer Erhöhung der Sauerstoffkonzentration auf [Ba 82]. Eine Ursache hierfür ist zweifellos in der Bildung aktivierter Sauerstoffspezies im Verlauf verschiedener Stoffwechsel-reaktionen zu sehen. Der reaktionsträge molekulare Sauerstoff wird in biologischen Systemen zumeist in einer Vorstufe oder auch direkt während des entsprechenden biochemischen Prozesses "aktiviert". Das kann z.B. enzymatisch oder auch durch Photosensibilisatoren geschehen. Der Begriff *aktivierte Sauerstoffspezies* wird dabei im allgemeinen sehr weit gefaßt und beinhaltet Singulettsauerstoff ($^1O_2$), das Sauerstoffanionradikal ($\cdot O_2^-$), das Hydroxylradikal ($\cdot OH$), Wasserstoffperoxid (H_2O_2), Peroxiradikale ($ROO\cdot$), Hydroperoxide ($ROOH$) sowie Zwischenprodukte, die im Verlauf der enzymatischen Umsetzung dieser Radikale auftreten [Si 82]. Sowohl Pflanzen wie auch Tiere verfügen über wirksame Mechanismen zur Regulierung der Konzentration aktivierter Sauerstoffformen. Dennoch können diese Spezies in größeren Konzentrationen leicht toxische Wirkungen hervorrufen. Als Beispiele seien an dieser Stelle die Entstehung von Entzündungsprozessen [De 85, To 85], die mit einer Erhöhung der Anionradikalkonzentration einhergehen, sowie die Veränderung von Rigidität und Permeabilität biologischer Membranen als Folge vermehrter Oxidation von Membranlipiden, was z.B. eine verminderte Spermien-motilität [Ve 85] zur Folge haben kann, genannt. Unter den oben angeführten aktivierten Sauerstoffspezies besitzen der Singulettsauerstoff, das Anionradikal sowie das Hydroxylradikal wegen ihrer relativ langen Lebensdauer und ihrer hohen Reaktivität besonders großes Gewicht bei der Vermittlung toxischer Wirkungen. Da alle drei Formen ineinander umwandelbar und von Bedeutung für die Vermittlung des photodynamischen Effektes sind, soll im folgenden kurz auf Entstehung, Nachweis und Wechselspiel dieser Sauerstoffspezies eingegangen werden.

5.2.1 Molekularer Singulettsauerstoff

Singulettsauerstoff nimmt unter den aktivierten Sauerstoffspezies eine gewisse Sonderstellung ein, da er als einzige Form direkt über eine elektronische Anregung des molekularen Sauerstoffes erzeugt werden kann. Da ihm für die Vermittlung des photodynamischen Effektes eine ganz besondere Bedeutung zukommt, wollen wir unsere Betrachtungen mit der Diskussion dieser Spezies beginnen.

In Tab. 5.1 ist eine Übersicht zu den ersten Anregungszuständen des molekularen Sauerstoff (O$_2$) gegeben. Die Besonderheiten dieses Sauerstoffmoleküls resultieren aus der Existenz von zwei ungepaarten Elektronen, weshalb es im Gegensatz zu den meisten Molekülen im Grundzustand einen Triplettcharakter ($^3O_2$) besitzt. Der Übergang von $^3O_2$ in den ersten angeregten Zustand ist mit einem Spin-Umklappen verbunden, d.h. es handelt sich um einen spinverbotenen ISC-Prozeß (vgl. Kapitel 2). Eine direkte Erzeugung durch z.B. Laserstrahlung (1064 nm) ist zwar möglich, erfolgt jedoch mit sehr geringen Ausbeuten [Yo 86]. Um diesen *Singulettsauerstoff* ($^1\Delta_g$) zu generieren[5], ist eine sehr geringe Energie (0,98 eV) erforderlich. Die Entstehung des zweiten angeregten Singulettzustandes $^1\Sigma_g^+$, der sehr kurzlebig (ca. 10^{-10}s in Lösung) ist, erfordert bereits eine Energie von 1,6 eV. Der erste angeregte Triplettzustand liegt weit im UV-Bereich. Somit ist lediglich der erste angeregte Singulettzustand des molekularen Sauerstoffes in der Photobiophysik von Interesse.

$O_2 : 16\,e^-$			
Grundzustand T_0	1. Singulettzustand S_1 (0.98 eV)	2. Singulettzustand S_2 (1.6 eV)	1. Triplettzustand T_1 (4.3 eV)
$^3O_2\,(^3\Sigma_g^-)$	$^1O_2\,(^1\Delta_g)$	$^1O_2\,(^1\Sigma_g^+)$	$^3O_2\,(^3\Sigma_u^+)$
$\uparrow\,\bar{\underline{O}} - \underline{\bar{O}}\,\uparrow$	$\langle O = O \rangle$	$\uparrow\,\bar{\underline{O}} - \underline{\bar{O}}\,\downarrow$	$\uparrow\,\bar{\underline{O}} - \underline{\bar{O}}\,\uparrow$

Tab. 6.1: Besetzung der 2s (σ)- und 2p ($1\pi_{u,g}$)- Orbitale sowie des σ^*- Orbitals von molekularem Sauerstoff für unterschiedliche elektronische Zustände

---

[5] Die vollständige Termbezeichnung wird angegeben als: ^{Multiplizität}Bahndrehimpuls$^{\text{Spiegelsymmetrie}}_{\text{Parität}}$

5.2.1.1 Photosensibilisierte Generierung von Singulettsauerstoff

Im Organismus selbst gibt es eine Reihe von unterschiedlichen Möglichkeiten der Singulettsauerstoff-Entstehung (Abb. 5.4). Er kann im Verlauf verschiedenster Stoffwechselprozesse, wie z.B. enzymatischen Reaktionen, Peroxy-Reaktionen oder auch der Desaktivierung von Hydroxyl- oder Sauerstoffanion-Radikalen entstehen. Sehr effizient ist die photosensibilisierte Generierung des Singulettsauerstoffes durch Energietransfer von einem angeregten Molekül im Triplettzustand zu molekularem

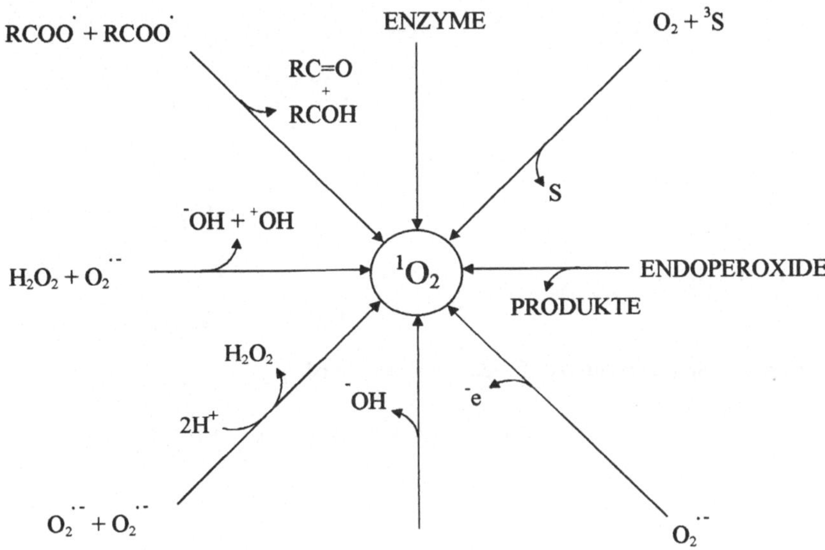

Abb. 5.4: Entstehung von Singulettsauertoff in biologischen Systemen

Sauerstoff. Dabei kann es sich sowohl um endogene wie auch exogene Sensibilisatoren handeln. Der Energietransfer erfolgt (Abb 5.2) aus dem ersten angeregten Triplettzustand des Sensibilisators zum Sauerstoff. Da sich beide Moleküle in einem Zustand gleicher Multiplizität befinden und der Prozeß damit spinerlaubt ist, läuft er mit hoher Ausbeute ab. Voraussetzung ist lediglich, daß die energetische Lage des Triplettzustandes des Sensibilisators einen Transfer zum Sauerstoff erlaubt. Da die Aktivierungsenergie des Singulettsauerstoffs 0,98 eV beträgt, sollte der Triplettzustand im Bereich um 900nm bzw. der erste angeregte Singulettzustand des Farbstoffes maximal im Bereich bis 800nm liegen. Diese Bedingung ist für die meisten Tetrapyrrole erfüllt, weshalb sie auch im Mittelpunkt des Interesses für eine Verwendung als Photosensibilisatoren stehen. Aus der kinetischen Analyse der relevanten Prozesse in Abb. 5.2

$$S_{0\,(Sen)} + h\nu \rightarrow S_{1(Sen)} \xrightarrow{k_{rad}} S_{0\,(Sen)} + h\nu_1$$

$$\xrightarrow{k_{IC}} S_{0\,(Sen)}$$

$$\xrightarrow{k_{ISC}} T_{1(Sen)} \xrightarrow{k_{rad'}} S_{0\,(Sen)} + h\nu_2$$

$$\xrightarrow{k_{ISC'}} S_{0\,(Sen)} + \text{Wärme}$$

$$+ O_2 \xrightarrow{k_{EnT}} S_{0\,(Sen)\,+}\,{}^1O_2$$

folgt für die Singulettsauerstoff-Quantenausbeute (Φ_Δ):

$$\Phi_\Delta = \{k_{ISC} \cdot (k_{rad} + k_{IC} + k_{ISC})^{-1}\} \cdot \{(k_{Ent}[O_2]) \cdot (k_{ISC'} + k_{rad'} + k_{EnT}[O_2])^{-1}\} \cdot S_\Delta$$

$$\Phi_\Delta = \Phi_{ISC} \cdot \tau_T \cdot k_{EnT}[O_2] \cdot S_\Delta \tag{5.1}$$

Der Faktor S_Δ trägt dem Umstand Rechnung, daß nicht alle Sensibilisatormoleküle im Triplettzustand über eine Energieübertragung zu molekularem Sauerstoff unter Bildung von Singulettsauerstoff desaktiviert werden. Für die meisten Moleküle ist S_Δ deutlich kleiner eins. Für die meisten Tetrapyrrole nimmt er jedoch einen Wert nahe eins an. Aus Gl. 5.1 wird deutlich, daß Φ_Δ nicht nur von der Triplettquantenausbeute (Φ_{ISC}) des Sensibilisators, sondern auch von seiner Triplettlebensdauer (τ_T) unter den jeweiligen experimentellen Bedingungen abhängig ist. Daraus folgt unmittelbar unter Berücksichtigung des inneren Schweratomeffektes (vgl. Kapitel 2.3.2.2), daß prinzipiell nur wenige Atome (Zink, Magnesium) als Zentralatome für Photosensibilisatoren geeignet sind [Rö 91].

6.2.1.2 Desaktivierung und Nachweis von Singulettsauerstoff

Der Übergang des Singulettsauerstoffs in den Grundzustand: O_2 ($^1\Delta_g$) $\rightarrow$ O_2 ($^3\Sigma_g$), ist sowohl spin- wie auch paritätsverboten. Daraus resultiert eine sehr geringe strahlende Ratenkonstante dieses Überganges und die beobachtete Lebensdauer des angeregten Zustandes hängt in erster Linie von den strahlungslos verlaufenden Löschprozessen ab. In Abhängigkeit vom Lösungsmittel liegen die Quantenausbeuten zwischen 10^{-5} und 10^{-6}. Während die Lebensdauer in CCl_4 bei ca. 700µs liegt, beträgt sie in wäßrigem Milieu nur ca. 3µs. Diese kurze Lenbensdauer ermöglicht zwar immerhin noch Diffusionswege von ca. 60nm [Me 82], erschwert aber den direkten spektroskopischen Nachweis beträchtlich.

Neben der physikalischen Löschung kann Singulettsauerstoff auch in chemischen Reaktionen (mit Phenolen, Sulfiden, ungesättigten Fettsäuren, Proteinen usw.) desaktiviert werden. Die Löschung von Singulettsauerstoff ist auch in biologischen Systemen von eminenter Bedeutung. So ist z.B. im Bereich des Photosyntheseapparates ein Pool von Carotenoiden plaziert, der nicht nur überschüssige Energie von angeregten Chlorophyllen im Triplettzustand "ableiten", sondern auch evtl. entstehenden Singulettsauerstoff löschen kann.

Eine besondere Rolle für den Nachweis des Singulettsauerstoffs spielt die Photooxydation von DPIBF (1,3-Diphenyl-Isobenzofuran), da anhand des Photoproduktes auf die Singulettsauersstoffkonzentration rückgeschlossen werden kann. Wie in [Sp 98] gezeigt wurde, können in einheitlichen Systemen bei sorgfältiger Präparation Reaktionen des DPIBF mit anderen aktivierten Sauerstoffspezies ausgeschlossen und eine gute Übereinstimmung dieser "indirekt" ermittelten Quantenausbeuten (Φ_Δ) mit aus Lumineszenzmessungen "direkt" erhaltenen Werten erzielt werden.

Trotz der geringen Ratenkonstanten der strahlenden Desaktivierung ist es möglich, einen Nachweis von Singulettsauerstoff mit Lumineszenzmessungen durchzuführen: dies ist zum einen mit der Chemilumineszenz und zum anderen mit der direkten Messung der Singulettsauerstofflumineszenz möglich. Für die beiden Methoden werden unterschiedliche strahlende Desaktivierungsprozesse des Singulettsauerstoffes genutzt (Tab. 5.2).

Der direkte Nachweis der Singulettsauerstofflumineszenz, die aus einem spinverbotenen $S_1 \rightarrow T_0$ Übergang resultiert, erfolgt durch Detektion der Strahlung bei 1270 nm. Dies entspricht dem ($^1\Delta_g$)$_{v=0}$ $\rightarrow$ ($^3\Sigma_g^-$)$_{v=0}$ Übergang. Eine weitere Schwingungsbande ($^1\Delta_g$)$_{v=1}$ $\rightarrow$ ($^3\Sigma_g^-$)$_{v=0}$ mit einem Lumineszenzmaximum bei 1580 nm besitzt eine wesentlich geringere Intensität (ca. Faktor 90) und wird deshalb in der Regel nicht für einen Nachweis genutzt. Bei sehr hohen Konzentrationen können

Dimolemissionen beobachtet werden, die aus bimolekularen Löschprozessen [Kr 93] des angeregten Sauerstoffes resultieren. Diese Emissionen im sichtbaren Bereich

	Übergang	Wellenlänge
Monomolekulare Prozesse:	$^1\Delta_g \rightarrow {}^3\Sigma_g^-$	1270 nm
	$^1\Sigma_g^+ \rightarrow {}^3\Sigma_g^-$	762 nm
Bimolekulare Prozesse:	$2\,[^1\Delta_g] \rightarrow {}^3\Sigma_g^- + {}^3\Sigma_g^-$	633,5 nm
	$[^1\Delta_g]\,[^1\Sigma_g^+] \rightarrow {}^3\Sigma_g^- + {}^3\Sigma_g^-$	478 nm
	$[^1\Sigma_g^+]\,[^1\Sigma_g^+] \rightarrow {}^3\Sigma_g^- + {}^3\Sigma_g$	

Tab. 5.2: Strahlende Relaxationsprozesse von Singulettsauerstoff ($^1\Delta_g$ und $^1\Sigma_g^+$)

werden vor allem beim Chemilumineszenz - Nachweis des Singulettsauerstoffes unter Nutzung empfindlicher Photosekundärelektronenvervielfacher (SEV) genutzt. Will man jedoch Singulettsauerstoff in komplizierteren mikroheterogenen Systemen mit normaler Sauerstoffkonzentration nachweisen, ist die Messung der Lumineszenz bei 1270 nm die einzige Möglichkeit. Die dynamische Löschung von Singulettsauerstoff kann in diesem Fall quantitativ mit dem Stern-Volmer-Formalismus beschrieben werden (vgl. Kapitel 6.2.4).

Bei zeitaufgelösten Messungen der Singulettsauerstofflumineszenz wurde eine extreme Abhängigkeit der Löschung vom Lösungsmittel beobachtet. Mit der Korrelation von Löschrate und der energetischen Überlappung von höheren Harmonischen der Schwingungen von Lösungsmittelmolekülen mit dem $^1\Delta_g$ - Anregungszustand von Sauerstoff fanden Schmidt und Brauer [Sch 78] eine Möglichkeit, die lösungsmittelabhängige Löschung von Singulettsauerstoff und speziell auch den starken Einfluß der Deuterierung des Lösungsmittels auf die Lebensdauer von Singulettsauerstoff zu erklären. Umfangreiche tabellierte Daten zu dieser Problematik sind in [Wil 81, 95] zu finden. Aus dem Zeitverhalten und der Intensität des Lumineszenzsignals können nicht nur Rückschlüsse auf Quantenausbeute und Quenchprozesse, sondern auch auf die Tripletteigenschaften des Sensibilisators gezogen werden. Diese Herangehensweise ist besonders dann interessant, wenn der Triplettzustand über Phosphoreszenz oder Flash-Photolyse zugängig ist.

Die Auswertung von Messungen zur $^1\Delta_g$ - Abklingkinetik in homogenen Systemen kann in erster Näherung als einfach exponentielles Abklingen modelliert werden. Eine Auswertung in mikroheterogenen Systemen erweist sich jedoch in der Regel als außerordentlich kompliziert, da sich Veränderungen im Zeitverhalten und in der Intensität durch Veränderungen der Sauerstoffkonzentration, der strahlenden Ratenkonstante und der Löschrate des Singulettsauerstoffes ergeben können [Oe 99]. Die Darstellung dieser speziellen Problematik würde den Rahmen dieser Darlegungen sprengen.

5.2.2 Superoxidanionradikal

Unter den aktivierten Sauerstoffspezies nimmt das Superoxidanionradikal offenbar eine Schlüsselstellung ein, da ca. 5% des über die Atmung aufgenommenen Sauerstoffs in einem ersten Reaktionsschritt in das Anionradikal überführt wird. So wird das Redoxpotential des (O_2/O_2^-) - Paares in wässrigem Milieu von verschiedenen Autoren mit 0,33V angegeben. Somit sind alle Verbindungen mit einem Oxidationspotential von +0,4V in der Lage, molekularen Sauerstoff in wässriger Umgebung zu reduzieren. Ebenso wie Singulettsauerstoff kann das Superoxidanionradikal nicht nur bei Photosensibilisierung, sondern auch im Verlauf unterschiedlichster Prozesse im Organismus entstehen [Rö 87]. Diese Prozesse können in vier Gruppen zusammengefaßt werden:
1. Physikochemische Prozesse: z.B. Radiolyse und Photolyse des Wassers; photosensibilisierte Oxidation von Lipiden und Proteinen
2. Chemische Prozesse: z.B. Entstehung aus Wasserstoffperoxid oder Peroxyradikalen
3. Biochemische Prozesse: z.B. enzymatische Reaktionen; Elektronentransfer von Flavinen und Chinonen
4. Biologische Prozesse: z.B. Entzündung, Phagozytose, Hämolyse, Photosynthese.

Im Vergleich zu den anderen aktivierten Sauerstoffspezies weist das Anionradikal eine relativ geringe Reaktivität auf. Seine dennoch als sehr hoch einzuschätzende Toxizität liegt vor allem in der effizienten Umwandlung in andere, reaktivere Spezies begründet. Dennoch ist das Anionradikal selbst auch aktiv an einer Reihe von biologisch relevanten Reaktionen beteiligt, wie der Oxidation und dem Abbau des Pools an Sulfhydrilverbindungen, an Reaktionen mit Chinonen und Hydrochinonen unter der Bildung von Semichinonradikalen, der Reaktion mit verschiedenen Enzymen sowie der Entstehung radiobiologischer Schäden.

Im Zusammenhang mit unseren Betrachtungen zur Photosensibilisierung ist die Regenierung zweiwertigen Eisens von besonderem Interesse. Mit diesem Prozeß sind wesentliche Voraussetzungen für den Ablauf von Reaktionen des Fenton-Typs gegeben, was im weiteren zur Bildung von Hydroxyl- und Alkoxyradikalen führt. Da letztgenanntes Radikal aus Hydroperoxiden gebildet wird, spielt dieser Prozeß für die Lipidperoxidation eine Schlüsselrolle, da er eine Kettenverzweigung verursacht. Dadurch kommt es zu einem lawinenartigen, durch das System nicht mehr zu kontrollierendes Anwachsen der Lipidperoxidation, die letztlich zum Zelltod führen kann. Ebenso interessant für die Vermittlung der photodynamischen Wirkung ist die Reaktion mit Singulettsauerstoff:

$$^1O_2 \; + \; \cdot O^-_2 \; \rightarrow \; \cdot O^-_2 \; + \; ^3O_2 \; + 93 \; kJ.$$

Für den Nachweis des Anionradikals werden neben biochemischen Methoden auch eine Reihe physikalischer Methoden wie z.B. die UV-, IR- und ESR-Spektroskopie genutzt. Wegen der in der Regel geringen Anionradikal-Konzentrationen sind diese Methoden jedoch nicht für Untersuchungen an biologischen Systemen geeignet. Der radikalische Charakter dieser Sauerstoffspezies legt den Nachweis mittels ESR-Spektroskopie nahe. Um einen Nachweis bei Raumtemperatur in wässrigem Milieu führen zu können, muß aber auch in diesem Fall zu einem indirekten Verfahren unter Nutzung eines "spin-trap" übergegangen werden. Am weitesten verbreitet ist die Verwendung des 5,5-Dimethylpyrrolin-1-Oxid (DMPO), da mit seiner Nutzung als spin-trap anhand der Reaktionsprodukte gleichzeitig eine Unterscheidung zwischen Anionradikal und Hydroxylradikal möglich ist [Da 83]. Eine weitere Methode, das Anionradikal nachzuweisen, besteht in der Verfolgung der Reduktion des Nitro-blautetrazolium anhand einer ausgeprägten Absorptionsbande des Reaktions-produktes bei 530nm und 560nm. Auch diese Methode läßt sich nicht auf biologische Systeme anwenden.

5.2.3 Hydroxylradikal

Dieses Radikal zählt zu den reaktivsten Sauerstoffspezies. Die Geschwindigkeitskonstanten für Reaktionen mit Biomolekülen liegen im Bereich von 10^8-10^{10} $M^{-1}s^{-1}$. In biologischen Systemen hat es eine Lebensdauer von bis zu 1µs. Neben seiner direkten Entstehung bei der Radiolyse von Wasser wird es in biologischen Systemen über Reaktionen vom Fenton-Typ aus Wasserstoffperoxid gebildet.
Die besondere Toxizität der Hydroxylradikale resultiert aus ihrem hohen

Reaktionsvermögen mit Basen der DNS. Obzwar biologische Systeme über zumindest drei wirksame Enzyme (Peroxydase, Katalase, SOD) verfügen, die die Konzentration der Vorläufer des Hydroxylradikals, nämlich der Anionradikale und des Wasserstoffperoxides, auf physiologischem Niveau halten, besitzen sie keinen speziellen Schutzmechanismus gegenüber einer erhöhten Hydroxylradikalkonzentration. Auf Grund dieser beiden Fakten - hohe Reaktivität und fehlender Schutz - führen Reaktionen dieser Radikale mit Biomolekülen zu oft schwerwiegenden Folgen für den betroffenen Organismus.

Wegen der geringen Lebensdauer ist ein Nachweis des Hydroxylradikals mit physikalischen Methoden nur sehr begrenzt möglich. In der Regel werden indirekte Methoden zum Nachweis genutzt, von denen die ESR (vgl. Punkt 5.2.2) und die Gaschromatographie (Analyse der Reaktion von Methionin oder Methional zu Ethylen) besonders gut geeignet erscheinen. Daneben kann ein indirekter Nachweis auch mittels spezifischer Radikalfänger wie z.B. Ethanol oder D-Mannitol geführt werden.

5.2.4 Biologische Wirkung aktivierter Sauerstoffspezies

Zur Veranschaulichung der biologischen Wirkung von aktivierten Sauerstoffpezies sind in Tab. 5.2 einige wesentliche biologische Wirkungen sowie zelleigene Schutzmechansimen angeführt. Aus dieser Auflistung wird schnell klar, daß eine Überproduktion aktivierter Sauerstoffformen verheerende Auswirkungen auf das biologische System haben kann, und letztlich den gesamten Stoffwechsel zum Erliegen bringen kann. Die bisher formulierten Aussagen sind von allgemeingültigem Charakter und treffen sowohl für pflanzliche wie tierische Organismen zu. Im weiteren sollen diese Aussagen an einigen Beispielen illustriert werden.

Bekanntlich entstehen bei der Photooxidation von Wasser im Verlauf der Photosynthese hochreaktive Hydroxylradikale, womit sich die Frage ergibt, wie die Zelle sich einerseits vor diesen Radikalen schützen und sie andererseits in molekularen Sauerstoff umwandeln kann. Diese Frage steht bei evolutionär "älteren" Organismen wie den anoxygen photosynthetisierenden Bakterien nicht, da im Prozeß der Photooxidation Radikale wesentlich geringerer Aktivität (z.B. Schwefelradikale) gebildet werden. Diese Radikale können problemlos in Produkte umgewandelt werden, die die innerzellulären Strukturen nicht schädigen. Entsprechend verfügen diese Organismen nur über ein Photosystem. Eine grundlegende Wandlung der Situation ergab sich mit dem Übergang zur Nutzung von Wasser als "Brennstoff". Es entstand das Photosystem II (PS II), womit der Übergang zum Zwei-Quanten-

Spezies	Biologische Wirkung	Protektor
$^1O_2$	- Peroxidation (z,B. Lipide, Proteine) - Reaktionen vom Fenton-Typ	- Vitamin C und E - Carotenoide
O_2^-	- Zerstörung von Sulfhydrilverbindungen - Enzymaktivierung und -inaktivierung - Fenton-Reaktion	-Superoxiddismutase (SOD)
OH	- DNS-Strangbrüche - Bildung von Sekundärradikalen - Peroxidation	- DNS Reparatur- Prozesse - Sulfhydrilverbindungen - Antioxydantien
ROO	- Sekundärradikale - Peroxidation	- Sulfhydrilverbindungen - Antioxydantien
ROOH	- Peroxidase-Wirkung	- Glutathionperoxidase
H_2O_2	- Peroxidase-Wirkung - Fenton-Reaktion	- Katalase - Glutathionperoxidase

Tab. 5.2: Biologische Wirkungen aktivierter Sauerstoffspezies nach [Rö 87]

Mechanismus und gleichzeitig die räumliche Trennung der Photooxidation des Wassers und der Bildung reaktiver Hydroxylradikale von den chemisch angreifbaren Bestandteilen der Zelle vollzogen wurde. Im PS II werden die Hydroxylradikale über einen Mechanismus "stabilisiert", der auch die zur Freisetzung von molekularem Sauerstoff benötigten Mn^{2+} - und Cl^--Ionen enthält [Bl 77]. Die Entstehung molekularer Strukturen zur Stabilisierung von Hydroxylradikalen und der Freisetzung molekularen Sauerstoffs stellt einen der wichtigsten Schritte in der biologischen Evolution auf unserem Planeten dar. Damit waren die Voraussetzungen für die Entstehung einer Sauerstoffathmosphäre und - als Folge - der Entwicklung heterotropher Organismen gegeben, die zur Energieumwandlung und -speicherung über Systeme der Zellatmung verfügen. Auch im Fall der Zellatmung - ein der Oxidation des Wassers bei der Photosynthese entgegengesetzter Prozeß, der den Wasserkreislauf schließt (vgl. Abb. 0.2) - werden Hydroxylradikale gebildet. Daneben entstehen in den Chloroplasten Anionradikale als Resultat der

Photoreduktion des molekularen Sauerstoffs. Die Konzentration der Sauerstoff-anionradikale nimmt mit hoher Lichtintensität und niedriger CO_2-Konzentration zu. Offenbar ist das Anionradikal erforderlich, um einer zu starken Erhöhung des Anteils reduzierter Elektronenakzeptoren in der zyklischen Elektronentransportkette entegenzuwirken. Andererseits muß die Konzentration des Anionradikals (und auch des H_2O_2) einer Begrenzung unterliegen, um die Fähigkeit der Chloroplasten zur CO_2-Fixierung zu erhalten. Die Regulierung der Sauerstoffanionradikal-Konzentration erfolgt durch die im Stroma lokalisierte Superoxiddismutase (SOD). Die Verteilung dieses Cu-, Zn-, Fe- oder Mn- haltigen Enzyms in verschiedenen photosynthetisierenden Organismen korreliert interessanterweise mit den unterschiedlichen evolutionären Stufen der Organismen [As 80].

Wie bereits mehrfach ausgeführt, können Tetrapyrrole sowohl als Akzeptoren wie auch als Donatoren bei Ladungstransfer-Prozessen wirksam werden. Daneben sind sie in der Lage, nach elektronischer Anregung über Energietransfer zu molekularem Sauerstoff, Singulettsauerstoff zu generieren. Dieser Prozeß läuft auch an Chlorophyllen ab. In den Chloroplasten steht deshalb ein ganzer Pool von Carotenoiden zum Schutz vor Singulettsauerstoff zur Verfügung. Beim Menschen können die Folgen einer vermehrten Singulettsauerstoff-Produktion als Folge von Störungen der Häm-Biosynthese (Porphyrie-Erkrankungen) direkt als erhöhte Lichtsensibilität der Haut beobachtet werden [Fr 82]. Eine gezielte Nutzung dieser Eigenschaft von Tetrapyrrolen, nach Lichtanregung Singulettsauerstoff zu generieren, erfolgt bei der Photodynamischen Therapie (PDT), die im folgenden Abschnitt dieses Kapitels eingehender diskutiert wird.

Zusammenfassend können wir somit feststellen, daß die Frage nach Rolle und Bedeutung aktivierter Sauerstoffspezies in biologischen Systemen vor allem Probleme der Effizienz des Elektronentransportes und seiner Regulierung tangieren. Im engeren Sinne können derartige Untersuchungen als Beitrag zur Charakterisierung physiologischer und pathogener Bedingungen sowie deren gezielte Beeinflussung in biologischen Systemen aufgefaßt werden. Im weiteren Sinne umfassen sie jedoch in Hinblick auf die Effizienz von Energieumwandlung und -speicherung vor allem Fragestellungen der biologischen Evolution, speziell der Evolution von Porphyrinsystemen auf der Erde.

5.3   Photodynamische Therapie (PDT)

Die PDT beruht auf der Anwendung des Prinzips der Photosensibilisierung zur Erzielung einer möglichst großen phototoxischen Wirkung. Der Vorteil gegenüber der herkömmlichen Photochemotherapie (z.B. PUVA-Therapie von Psoriasis) beruht auf der Nutzung niederenergetischer elektromagnetischer Strahlung im roten bis nahen infraroten Spektralbereich, die von Biomolekülen nicht absorbiert wird, und der "katalytischen" Wirkung des Sensibilisators, der im Gegensatz zum Photochemotherapeutikum nicht sofort einer chemischen Umwandlung unterliegt, sondern über Energietransferprozesse (Typ II) eine Reihe von Zyklen zur Generierung von Singulettsauerstoff durchlaufen kann. Das Prinzip der PDT ist am Beispiel der Tumortherapie in Abb. 5.5 dargestellt.

Wegen der begrenzten Eindringtiefe des Anregungslichtes in das Gewebe (in der Größenordnung von einigen Millimetern) ist die PDT in ihrer Anwendung vor allem auf oberflächliche Läsionen (z.B. Virusinfekte der Haut, Psoriasis) und Tumoren (Hauttumore und endoskopisch erreichbare oberflächlich wachsende Tumore) beschränkt. Die Eindringtiefe des Lichtes wird neben der starken Streuung durch das Gewebe wesentlich durch die Absorption des Wassers, des Hämoglobin und des Melanin determiniert. So fanden Haina et al. [Ha 84] eine deutliche Vergrößerung der Eindringtiefe von Licht mit Wellenlängen größer 500nm und einen nochmaligen qualitativen Sprung bei Wellenlängen größer 700nm. Dies ist nicht verwunderlich, da zum einen ab ca. 500nm die Absorption des Häm nur noch minimal ist und ab ca. 700nm bis in den Nahen Infraroten Bereich hinein die Absorption des Wassers nahezu gegen Null geht. Somit existiert im photodynamisch interessanten Spektralbereich eine nur geringe Absorption des Lichtes durch das Gewebe. Von Svaasand et al. [Sv 84] durchgeführte Untersuchungen erbrachten in der Tendenz ähnliche Resultate, wobei für Tumorgewebe in vielen Fällen eine größere Eindringtiefe als für gesundes Gewebe registriert wurde.

An die PDT von Tumoren wird ebenso wie an andere Tumortherapien die Forderung nach maximaler Toxizität gegenüber den Tumorzellen bei gleichzeitiger minimaler oder im Idealfall keiner negativen Wirkung auf das umgebende gesunde Gewebe gestellt. Die Anforderungen an einen potentiellen Photosensibilisator lassen sich demnach in zwei Gruppen zusammenfassen: die photophysikalischen und die biomedizinischen Kriterien. Zur ersten Gruppe gehören: hohe Extinktion im tiefen roten bis NIR-Spektralbereich ($\varepsilon \approx 10^4$ $M^{-1}{\cdot}cm^{-1}$), hohe ISC-Quantenausbeuten ($\Phi_{ISC}{>}0,5$) als Voraussetzung hoher Singulettsauerstoff-Quantenausbeuten ($\Phi_{\Delta}{>}0,5$). Aus biomedizinischer Sicht ergeben sich als wesentliche Kriterien für einen

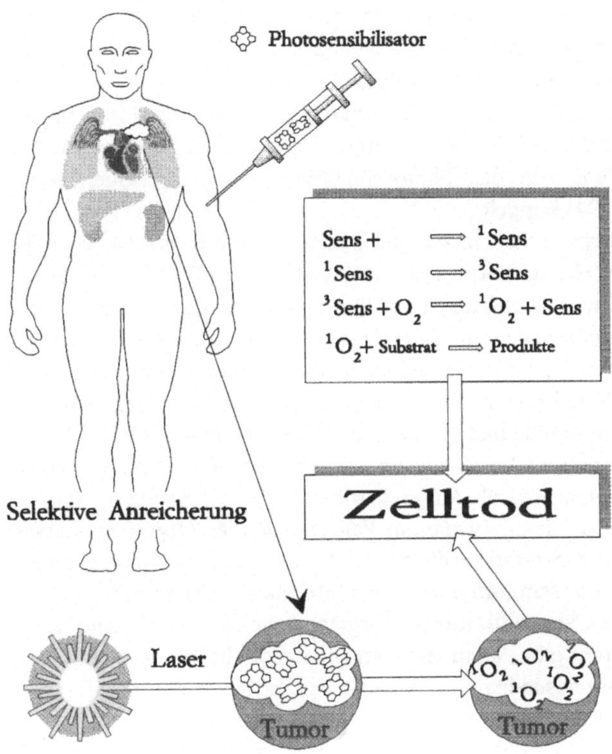

Abb. 5.5: Prinzip der PDT

Photosensibilisator - geringe oder keine Dunkeltoxizität bei hoher Phototoxizität sowie gleichzeitiger selektiver Anlagerung im Tumorgewebe bei hohen Konzentrationen an den therapeutisch wichtigen Wirkungsorten in den Zellen.

Die photophysikalischen Kriterien zusammen mit der Problematik der Lokalisierung des Sensibilisators in der Zelle beinhalten im wesentlichen physikochemische Fragestellungen. In den letzten 20 Jahren ist eine Vielzahl von Sensibilisatoren für die PDT von Tumoren entwickelt worden, wobei sich zeigte, daß Tetrapyrrole wegen ihrer spezifischen elektronischen Eigenschaften besonders gut geeignet sind

[Rö 93]. Ihre Absorption kann über die Strukturvariation des makrozyklischen Grundgerüstes im roten bis NIR- Spektralbereich molare Extinktionskoeffizienten im Bereich um $\varepsilon \sim (10^4 - 10^5)M^{-1}cm^{-1}$ erreichen. Die ISC-Quantenausbeute kann Werte zwischen 0,4 bis 0,8 [Rö 93] annehmen, und die Singulettsauerstoff-Quantenausbeuten liegen annähernd im selben Bereich.

Die unter der Lichtanregung auftretende Fluoreszenz kann zur Diagnostik genutzt werden. Die dabei evtl. störende photosensibilisierende Wirkung könnte unterdrückt werden, indem man den Photosenibilisator mit einem Quenchermolekül (z.B. Carotin) [Re 94] koppelt .

Neben dem inzwischen in der klinischen Praxis in verschiedenen Präparationen eingesetzten Hämatoporphyrinderivat (z.B. Photofrin I, II) versucht man die photodynamische Wirksamkeit mit Sensibilisatoren der 2. und 3. Generation [Mo 98] weiter zu erhöhen. In den meisten Fällen handelt es sich auch bei diesen Farbstoffen um Tetrapyrrole, jedoch weisen sie eine weitaus höhere Extinktion im roten und NIR-Bereich als Porphyrine auf. Dazu zählen z.B. Phäophorbide, Bacteriophäophorbide und synthetische Tetrapyrrole wie z.B. Phthalocyanine. Eine weitere Möglichkeit besteht in der Applikation von ALA (Aminolevulinsäure), welche im Organismus als Ausgangssubstanz für die Synthese von Protoporphyrin (vgl. Kapitel 1) dient. In diesem Fall erzeugt der Organismus selbst eine hohe Sensibilisatorkonzentration, die für die Therapie genutzt werden kann.

Ein bisher noch nicht zufriedenstellend gelöstes Problem stellt die Selektivität der Anlagerung des Sensibilisators im Targetgewebe dar. Da es keine "aktiv" selektiven Sensibilisatoren gibt, kann eine entsprechend hohes Konzentrationsgefälle im Vergleich zum gesunden Gewebe nur über carrier-Moleküle oder -Systeme erzielt werden (vgl. Kapitel 6).

5.5   Literatur

[As 80]   Asada K., Kanematsu S., Hayakawa T.: in: Aspects of Superoxide and
          Superoxide Dismutase, Hrsg.: Banniston J.V., Hill H.A.O., Elsevier,
          Amsterdam 1980, S.136
[Ba 82]   Balentine, J.D.: Pathology of Oxygen Toxicity,
          Academic Press, New York 1982
[Bl 64]   Blum , F.H.: Photodynamic Action and Diseases Caused by Light,
          Hafner Publ., New York 1964
[Bl 77]   Blumenfeld L.A.: Probleme der molekularen Biophysik,

Akademie-Verlag Berlin 1977

[Br 59] Brugsch, J.: Porphyrine,
J.-A. Barth-Verlag, Leipzig 1959

[Da 83] Damerau W.: Z. Che. 23 (1983) 62

[De 85] Del Maestro, R.F., in: Armstrong, D., and R.G.Cutler (Eds.),
Free Radicals in Molecular Biology. Aging and Desease,
Raven Press, 1985

[Fo 68] Foote, C.S.: Science 162 (1968) 963

[Fr 82] Franck B., Dust M., Stange A.: Naturwiss. 69 (1982) 401

[Ha 84] Haina D., Landtheler M., Braun-Falco O., Waidelich W., in:
Optoelektronik in der Medizin (Hrsg.: O.Waidelich),
Springerverlag 1984, S. 187

[Ha 89] Haseloff R., Ebert B., Röder B.: J.Photochem.Photobiol.B:Biology
3 (1989) 593

[Kr 93] Krasnovsky A.A. (jr.), Foote Ch.S.:
J.Am. Chem Soc. 115 (1993) 6013

[La 86] Laustriat G.: Biochim. 68 (1986) 771

[Me 82] Meffert H., Böhm F., Röder B., Sönnichsen N.:
Dermatol. Monatsschr. 168 (1982) 387

[Me 13] Meyer-Betz, F.: Dtsch. Arch. Klin. Med. 112 (1913) 476

[Mo 98] Moser J.G. (Hrsg.): Photodynamic Tumor Therapy - 2nd and 3rd
Generation Photosensitizers; harwood academic publishers 1998

[Re 94] Reddi E., Segalla A., Jori G., Kerrigan P.K., Liddell P.A., Moore
A.L., Moore T.A., Gust D.: Br.J.Cancer 69 (1994) 40

[Rö 84] Röder B., Nicklisch S., Wischnewsky G., Slawaticki E., Meffert H.:
Mittel zur Behandlung von Hauterkrankungen und Tumoren,
WP 248 282

[Rö 87] Röder, B.: Biol.Rundsch. 25 (1987) 273

[Rö 91] Röder B., Näther D.: SPIE Proc. Ser. vol.1525 (1991) 377

[Rö 93] Röder B.: Photosensibilisatoren für die PDT, in: Angewandte
Lasermedizin, Hrsg.: Berlien H.-P., Müller H., ecomed Verlag
1993, 6.Erg.Lfg. 2/93, III-3.15.1, S.1 -12

[Si 82] Singh, A.: Can.J.Pharm., 60 (1982)1300

[Sp 98] Spiller W., Kliesch H., Wöhrle D., Hackbarth St., Röder B.:
JPP 2 (1998) 145

[Sv 84] Svaasand L.O., in: Porphyrin Localization and Treatment of
Tumors, Hrsg.: Doiron D.R., Gomers C.J., Alan R.Liss, New York
1984, S. 91

[Ta 00] v. Tappeiner, H.: Münch.Med.Wochenschr. 47(1900) 5

[Ta 03] v. Tappeiner, H. und A.Jesionek:
         Münch.Med.Wochenschr. 50 (1903) 2042

[To 85] Torrielli, M.V., and M.U. Dianzani, in: Armstrong, D., and
         R.G.Cutler (Eds.), Free Radicals in Molecular Biology. Aging and
         Desease, Raven Press, 1985

[Tr 90] Trelles M. (Hrsg.): Laser Tumour Therapy,
         II.Col.Of.Medicos Madrid 1990

[Ve 85] Vette, M., R.Petzold, R.Engel, B.Röder, G.Reichmann:
         andrologia 17 (1985) 476

[Vo 54] Vogel, G.: Das Chlorophyll in Medizin und Kosmetik.
         Nürnberg 1954

[Yo 86] Yoshida S., Saito H., Fujioka T.:Appl.Phys.Lett. 49 (1986) 1143

6   Einige Anwendungen

Nachdem wir uns in den vorangegangenen Kapiteln mit den Mechanismen der Photoanregung und der nachfolgenden Desaktivierungsprozesse bekannt gemacht haben, wird im letzten Kapitel dieses Buches am Beispiel von potentiellen Photosensibilisatoren für die PDT die Nutzung dieser Kenntnisse bei der Untersuchung von komplexen photobiophysikalischen Fragestellungen demonstriert. Aus der Vielzahl der möglichen optisch-spektroskopischen Methoden zur Untersuchung photobiophysikalischer Fragestellungen wurden drei grundlegende Verfahren für die Darstellung ausgewählt: die Methode der Extinktionsdifferenzen-Diagramme, der Fluoreszenzlöschung und der Fluoreszenzanisotropie. In den folgenden drei Abschnitten wird jeweils nach einer kurzen theoretischen Einführung die Handhabung und Aussagefähigkeit der Methoden anhand von biophysikalsich relevanten Beispielen diskutiert.

6.1   Die Untersuchung von Gleichgewichtsprozessen

Wie bereits bei Einführung des Lambert-Beerschen Gesetzes erwähnt, werden die Absorptions- und Fluoreszenzspektroskopie vor allem zur chemischen Analyse von unbekannten Stoffen oder Stoffgemischen eingesetzt. Aufgrund der Empfindlichkeit der Methoden sind oftmals geringste Konzentrationen ($\sim 10^{-9} mol \cdot l^{-1}$) für derartige Untersuchungen ausreichend. Darüber hinaus können sie aber auch zur Untersuchung von Gleichgewichtsprozessen, wie sie z.B. bei der Aggregation von Molekülen auftreten, genutzt werden.

Ziel derartiger Untersuchungen ist die Bestimmung von thermodynamischen Parametern bzw. der Gleichgewichtskonstanten des Prozesses. Dies ist nicht trivial und mit relativ geringem Aufwand nur für einheitliche Prozesse der Art:

$$A \quad \leftrightarrow \quad B \tag{6.1}$$

möglich. Von Mauser [Ma 68] wurden die theoretischen Grundlagen zur Behandlung dieser und komplizierterer Systeme ausführlich dargestellt. Ausgangspunkt der Untersuchungen ist die Aufnahme von *Extinktionsdifferenzen-Diagrammen*.

Darunter versteht man die Auftragung der Differenz der optischen Dichte von unter verschiedenen Bedingungen gemessenen Absorptionsspektren bei einer Wellenlänge gegen die Differenz der optischen Dichte bei einer anderen Wellenlänge. Der Charakter dieser Auftragung ist abhängig von Anzahl und Art der in der Probe ablaufenden Reaktionen.

Um zunächst festzustellen, ob überhaupt ein Gleichgewichtsprozeß vorliegt, werden die Absorptionsspektren der zu untersuchenden Probe für unterschiedliche Werte des jeweiligen Reaktionsparameters (z.B. Zeit, Konzentration, Temperatur, pH-Wert) registriert (Abb. 6.1). Handelt es sich bei dem ablaufenden Prozeß um eine Gleichgewichtsreaktion, so existiert mindestens eine Wellenlänge (λ_i), bei der die Optische Dichte unverändert bleibt. Einen solchen Punkt, in dem sich alle Kurven schneiden, bezeichnet man als *isosbestischen Punkt*. Die Existenz eines isosbestischen Punktes ist ein Hinweis auf die mögliche Existenz eines Gleichgewichtes in der Probe. Um nun genauer definieren zu können, wie viele Komponenten am Prozeß beteiligt sind, und ob es sich möglicherweise um einen

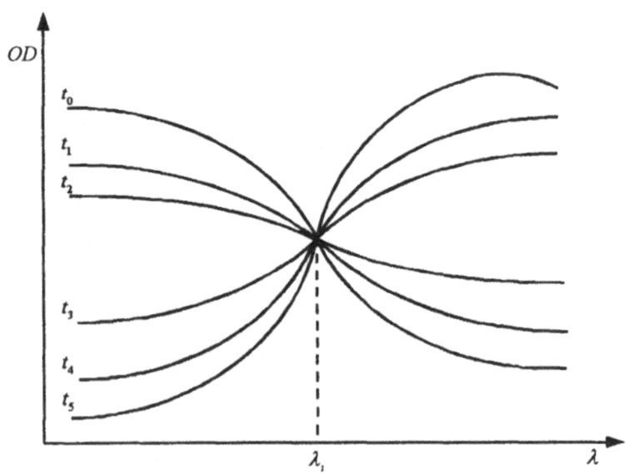

Abb. 6.1: Schematische Darstellung einer Spektrenschar mit dem
Scharparameter t - Reaktionszeit und einem isosbestischen Punkt

einfachen *einheitlichen Prozeß* der o.g. (Gl. 6.1) Art handeln könnte, wendet man die Methode der *Extinktionsdifferenzen-Diagramme* an. Ausgehend vom *Lambert-Beerschen Gesetz* kann für die Differenz der optischen Dichte (ΔOD_λ) für eine Lösung mit n Reaktionen und N Substanzen bei einer bestimmten Wellenlänge λ_j geschrieben werden:

$$\Delta OD_{\lambda j} = \sum_{l=1}^{N} \varepsilon_{\lambda jl} \cdot \sum_{m=1}^{n} \Delta c_{lm} \cdot s \tag{6.2}$$

mit $\varepsilon_{\lambda j}$ als dekadischem molaren Extinktionskoeffizienten bei der Wellenlänge λ_j, s der Schichtdicke und Δc_{lm} der Konzentrationsänderung des l-ten Stoffes in der m-ten Reaktion. Die Konzentrationsänderung kann über den Stoffumsatz der Reaktionen, die der Stoff durchläuft sowie der Änderung des zum Stoff gehörenden stöchiometrischen Faktors γ_{lm} der m-ten Reaktionsgleichung bestimmt werden. Der Stoffumsatz der m-ten Reaktion wird durch die Reaktionslaufzahl α_m beschrieben. Unter der Annahme, daß die Gesamtreaktion aus n Teilreaktionen besteht, erhalten wir für die Gesamtänderung der Konzentration des l-ten Stoffes:

$$\Delta c_l = \sum_{m=1}^{n} \alpha_m \cdot \gamma_{lm} \tag{6.3}$$

Daraus folgt für die Änderung der optischen Dichte:

$$\Delta OD_{\lambda j} = \sum_{l=1}^{N} \varepsilon_{\lambda jl} \sum_{m=1}^{n} \alpha_m \cdot \gamma_{lm} \cdot s \tag{6.4}$$

Enthält die Gesamtreaktion für den einfachsten Fall nur eine Teilreaktion, so wird m = 1 und für die Änderung der optischen Dichte kann geschrieben werden:

$$\Delta OD_{\lambda j} = \sum_{l=1}^{N} \varepsilon_{\lambda jl} \cdot \alpha_1 \cdot \gamma_{l1} \cdot s = \alpha_1 \cdot G_{\lambda j} \cdot s \tag{6.5}$$

Für die Reaktionszahl gilt dann:

$$\alpha = \Delta OD_{\lambda j} / G_{\lambda j} = const. \tag{6.6}$$

Damit ergibt sich ein funktionaler Zusammenhang zwischen den Differenzen der optischen Dichte bei verschiedenen Wellenlängen im Verlauf der beobachteten Reaktion. Unter der Voraussetzung, daß die Gleichgewichtsreaktion nur aus einer Teilreaktion besteht (*einheitliche Reaktion*), erhält man somit im Extinktionsdifferenzen-Diagramm eine durch den Nullpunkt verlaufende Schar von Geraden für die verschiedenen Wellenlängen λ_j.

Dabei wird folgendermaßen vorgegangen:

Dabei wird folgendermaßen vorgegangen:
- anhand von Absorptionsspektren, die für unterschiedliche Werte des Schar-
  parameters aufgenommen wurden, wird die optische Dichte bei
  charakteristischen Wellenlängen λ_n bestimmt

- davon ausgehend werden die Extinktionsdifferenzen $\Delta OD_{\lambda j}$ berechnet:

$$\Delta OD_{\lambda j} = (OD_{\lambda(t = 1,2, \ldots n)} - OD_{\lambda(t = 0)})\, \lambda 1, \lambda 2, \ldots \lambda j \qquad (6.7)$$

- anschließend werden die ermittelten Extinktionsdifferenzen gegeneinander
  aufgetragen (Abb. 6.2).

Erhält man eine Schar linearer Extinktionsdifferenzen-Diagramme - wie in Abb.
6.2 dargestellt - kann man davon ausgehen, daß das Ausgangsprodukt ohne (im

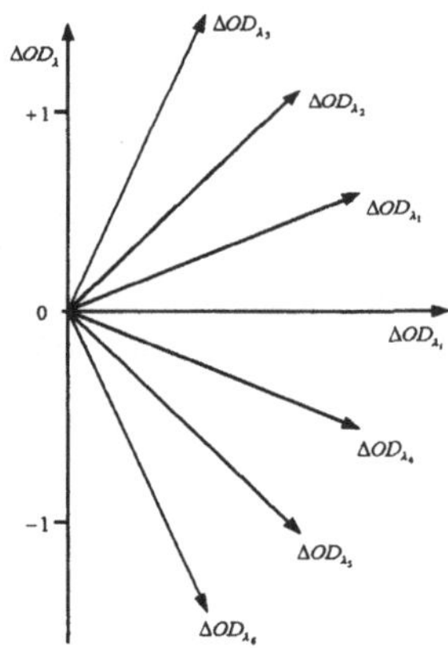

Abb. 6.2: Schematische Darstellung eines Extinktionsdifferenzen-
Diagrammes für einen einheitlichen Prozeß der Art A ↔ B

Absorptionsspektrum sichtbare) Zwischenprodukte in das Endprodukt übergeht.
Erhält man hingegen nichtlineare Extinktionsdifferenzen-Diagramme, kann man
für verschiedene Reaktionszeiten das Verhältnis der Extinktionsdifferenzen
$\Delta OD_{\lambda 1}$, $\Delta OD_{\lambda 2}$ usw., zu den Extinktionsdifferenzen einer Wellenlänge (z.B.

berechneten Größen $\Delta OD_{\lambda 1}$ / $\Delta OD_{\lambda 3}$ und $\Delta OD_{\lambda 2}$ / $\Delta OD_{\lambda 3}$ gegeneinader eine lineare Abhängigkeit, läuft der Prozeß in zwei wahrnehmbaren Teilreaktionen ab [Ma 68].

Während die Absorptionsspektroskopie in dieser Form für die Untersuchung von Gleichgewichtsprozessen im Grundzustand der Moleküle genutzt werden kann, ist es mit der Fluoreszenzspektroskopie möglich, solche Prozesse im angeregten Zustand zu untersuchen. So kann sich z.B. wegen der veränderten Elektronendichteverteilung in den Molekülen nach Lichtabsorption der pK-Wert im Vergleich zum Grundzustand drastisch ändern. Über die Aufnahme der Fluoreszenzspektren in Abhängigkeit vom pH-Wert kann bei Auftreten eines *isoemissiven* Punktes der pK-Wert für den angeregten Zustand des Moleküls bestimmt werden.

6.1.1 Aggregation von Phäophorbid a

Bei der Untersuchung von Modellsystemen für die Photosynthese sowie der Funktionsweise der aktiven Zentren von Enzymen oder der Entwicklung von Photosensibilisatoren sind Tetrapyrrole Ziel der optisch-spektroskopischen Untersuchungen. Dabei interessiert vor allem die Frage nach dem Aggregationsgrad der Moleküle in unterschiedlicher Umgebung sowie die Bestimmung evtl. vorhandener Gleichgewichtszustände zwischen unterschiedlichen Aggregationsformen. Wegen ihrer spezifischen Wechselwirkung und der ausgezeichneten Rolle des "special pair" in der Photosynthese (vgl. Kapitel 4.1) stehen dabei Systeme, die Monomer-Dimer-Gleichgewichte enthalten, im Mittelpunkt des Interesses. Dabei interessiert die Frage, ob ein solches Gleichgewicht in wässrigem Milieu ohne Beteiligung höherer Aggregate zu präparieren ist ebenso wie die Frage nach der Bestimmbarkeit der Dimereigenschaften in einem solchen Gemisch.

Die Vorgehensweise und Durchführbarkeit derartiger Untersuchungen sei am Beispiel des Phäophorbid a demonstriert. Nach Präparation einer Probe, die als Lösungsmittel ein Gemisch aus 70% Wasser und 30% Ethanol sowie Phäophorbid a in Konzentration von $1{,}1 \cdot 10^{-5}$M enthält, werden Absorptionsspektren bei unterschiedlicher Temperatur aufgenommen (Abb. 6.3). In dem Maße wie die Temperatur zunimmt, bildet sich die $S_{0,0} \rightarrow S_{1,0}$ - Bande der Monomere bei 667 nm immer deutlicher aus. Gleichzeitig nimmt die Intensität einer langwelligeren Bande

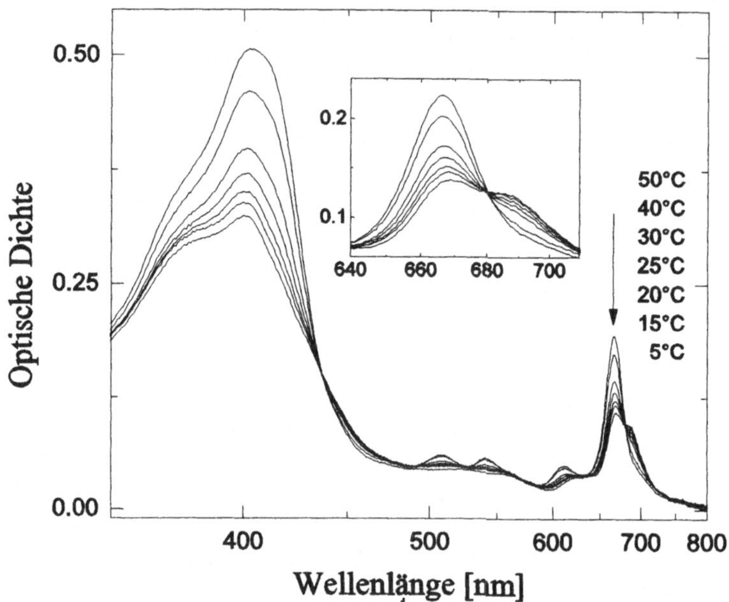

Abb. 6.3 : Temperaturabhängigkeit der Absorption von Phäophorbid a
$(1,1 \cdot 10^{-5} M)$ in Ethanol/Wasser (70/30)
(nach [Ei 99])

bei ca. 685 nm ab.   In der aufgenommenen Spektrenschar können mehrere
isosbestische Punkte registriert werden (Abb. 6.3), die einen einheitlichen Prozeß der
gegenseitigen Umwandlung von Monomeren in Aggregate vermuten lassen.
Eine Analyse der Spektren (Abb. 6.4) zeigt, daß im Extinktionsdifferenzen-
Diagramm Geraden erhalten werden, die sich im Nullpunkt schneiden. Damit

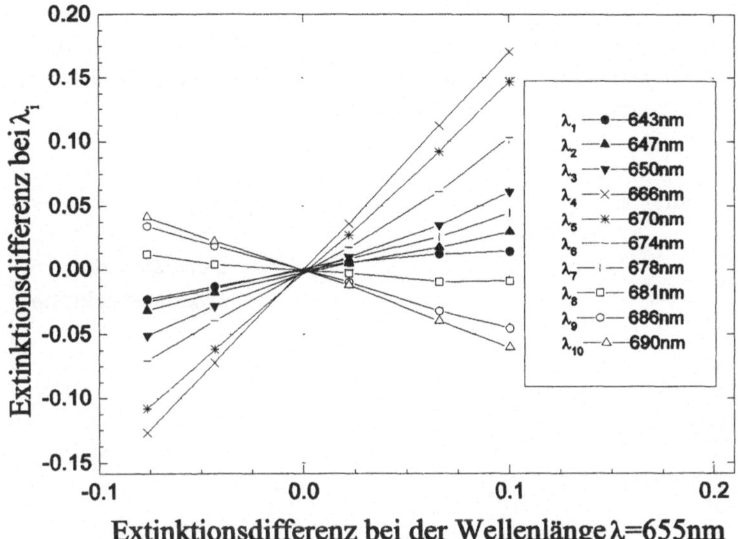

Abb. 6.4 : Extinktionsdifferenzen-Diagramme der in Abb. 6.3 dargestellten
Meßreihe (nach [Ei 99])

kann die These aufgestellt werden, daß die Ursache für die Veränderungen der Absorptionsspektren in einem einheitlichen Prozeß zu suchen ist. Damit ist aber noch nicht gesagt, daß nicht zusätzliche, im Absorptionsspektrum nicht registrierte Prozesse ablaufen.

Wie aus Abb. 6.3 deutlich zu erkennen ist, entsteht bei Verringerung der Temperatur eine gegenüber dem Q_x (0,0) - Übergang bathochrom verschobene neue Bande. Um nun die aufgestellte Hypothese der Einheitlichkeit der ablaufenden Reaktion, und damit eines vermuteten Monomer-Dimer-Gleichgewichtes zu beweisen, wird in diesem Bereich (660-750nm) eine Bandenanalyse durchgeführt. Im vorliegenden Fall wurde die Form der Kurven mit einem Voigt-Profil modelliert. Im Resultat ergibt die Bandenzerlegung für alle in Abb. 6.3 dargestellten Absorptionsspektren das gleiche Resultat: die optimale Anpassung wird für zwei Banden mit den Maxima bei 667nm (Monomer) und 685nm (Dimer) erzielt. Das bedeutet, in der untersuchten Probe befinden sich tatsächlich nur Monomere und Dimere. Darüberhinaus ist durch die

Bandenanalyse die optische Dichte der Monomerabsorption bekannt. Unter Nutzung des Extinktionskoeffizienten der Monomere bei 667nm ($\varepsilon = 4{,}45 \cdot 10^4$ cm^{-1}M^{-1}) kann für jedes Spektrum die tatsächliche Konzentration der Monomere in der Probe berechnet werden. Da die Gesamtkonzentration des Phäophorbid a in der Lösung durch Einwaage bekannt ist, können nunmehr die Konzentration und daraus der Exktinktionskoeffizient der Dimere ermittelt werden.

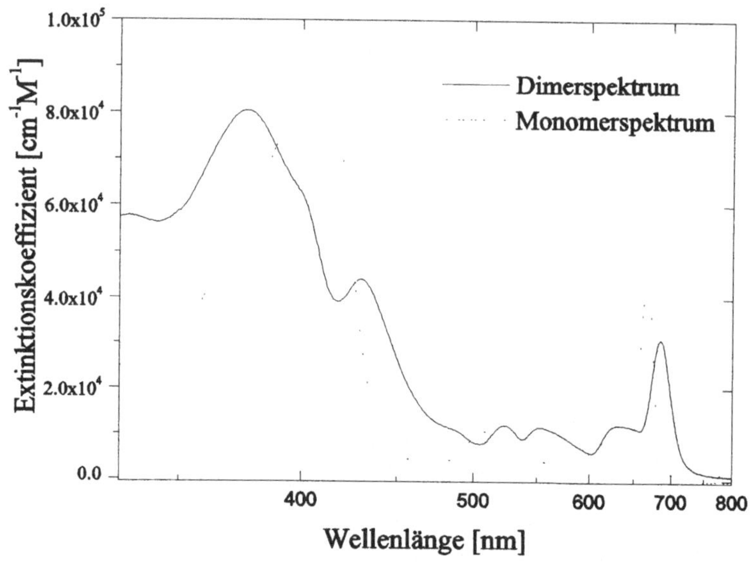

Abb. 6.5 : Darstellung des Monomer- und des Dimerspektrums von Phäophorbid a (nach [Ei 99])

Da die Konzentration der Monomere in den einzelnen Proben ebenfalls bekannt ist, kann das entsprechende Monomerspektrum von den gemessenen Spektren subtrahiert und damit das Dimerspektrum separiert werden. Das Ergebnis ist in Abb. 6.5 zu sehen.

Die auffälligste Beobachtung ist eine Aufspaltung der Soret-Bande in einen bathochrom und einen hypsochrom verschobenen Anteil. Die Interpretation dieser Aufspaltung ist allerdings schwierig, da sich die Soret-Bande aus einer

Vielzahl von Banden zusammensetzt, die unterschiedlichen elektronischen Übergängen mit entsprechend verschiedenen Dipolmomenten (vgl. Kapitel 1.4) entsprechen. Die Q_y (0,0) - Bande erfährt eine bathochrome Verschiebung und aus der Bandenanalyse erhält man ein Maximum bei 685nm und für das Dipolmoment $\mu = (4,3 \pm 0,5)$D (vgl. Punkt 3.2.1.1).

6.2 Fluoreszenzlöschung (Stern-Volmer- Gleichung)

Ein wichtiges Hilfsmittel bei der Untersuchung komplizierterer Systeme ist die Methode der *Fluoreszenzlöschung* von Molekülen oder Molekülgruppen [St 19]. Dabei können nicht nur Aussagen zur Effizienz und Kinetik des konzentrationsabhängigen Quenching, sondern auch Informationen zur Art und Positionierung des gequenchten Fluorophors getroffen werden. So können z.B. Tryptophanylgruppen in Proteinen je nach ihrer Positionierung im Inneren (hydrophobe Umgebung) oder an der Oberfläche (hydrophile Umgebung) durch den Einsatz polarer Quencher klar unterschieden werden [La 73]. Bevor wir uns einigen Beispielen zuwenden, soll eine kurze Einführung in die Theorie gegeben werden. Eine ausführliche Bescheibung ist in [La83] zu finden. Prinzipiell können zwei Arten des Fluoreszenzquenching unterschieden werden: die *dynamische* und die *statische Fuoreszenzlöschung*. Beide Prozesse unterscheiden sich grundlegend in ihrem Mechanismus und werden deshalb zunächst einzeln betrachtet.

Die im folgenden angeführten Gesetzmäßigkeiten können in analoger Weise auf die Löschung der Phosphoreszenz angewandt werden.

6.2.1 Dynamische Fluoreszenzlöschung

Bei der dynamischen Fluoreszenzlöschung handelt es sich um einen Prozeß, bei dem das Fluorophor im angeregten Zustand (F*) im Verlauf der Kollision mit einem Quenchermolekül (Q) seine Energie auf dieses überträgt und selbst wieder in den Grundzustand übergeht (Abb. 6.6). Dieser zusätzliche Desaktivierungs-kanal von F* führt zu einer Verkürzung der Lebensdauer des angeregten Zustandes und zu einer Abnahme der Fluoreszenzintensität. Der Prozeß ist abhängig von der Konzentration der Quenchermoleküle [Q] und läuft mit der

Ratenkonstanten k_q ab. Zur quantitativen Beschreibung der Lumineszenzlöschung kann die *Stern-Volmer-Gleichung* genutzt werden, die im folgenden anhand von Abb. 6.6 erläutert werden soll.

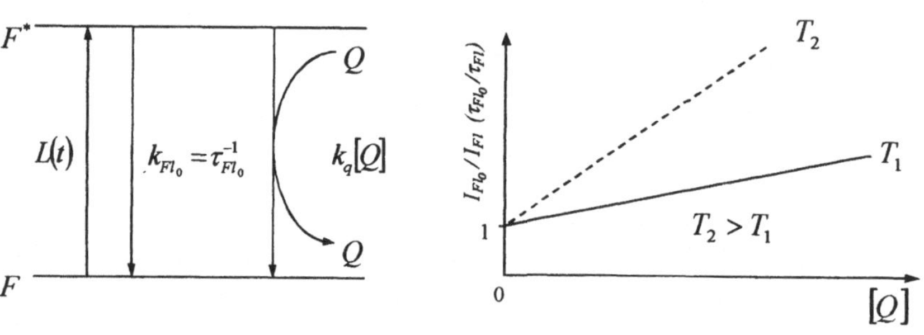

Abb. 6.6: Schematische Darstellung der dynamischen Fluoreszenzlöschung
(Erläuterungen im Text)

Die Beschreibung für das in Abb. 6.6 dargestellte Zwei-Niveau-System erhält man aus den Bilanzgleichungen der Besetzung des angeregten Zustandes des Fluorophors ohne (a) und mit Quenchermolekülen (b) in der Probe. Für unsere Betrachtungen setzen wir voraus, daß die gemessene Fluoreszenzintensität (I_{Fl}) proportional der Konzentration der Fluorophore im angeregten Zustand ([F*]) ist: I_{Fl} ~ [F*]. Weiterhin wird eine kontinuierliche Belichtung der Probe (L(t)) angenommen, die eine konstante Population angeregter Fluorophore hervorruft: d[F*] /dt = 0. Dann folgt für die Konzentration der angeregten Fluorophore:

(a) ohne Quencher: $d[F^*] / dt = L(t) - k_{Fl0} [F^*]_0 = 0$ (6.8a)

(b) mit Quencher: $d[F^*] / dt = L(t) - (k_{Fl0} + k_q [Q]) \cdot [F^*] = 0$ (6.8b)

Dabei ist $k_{Fl0} = 1/\tau_{Fl0}$ die Abklingrate der Fluoreszenz ohne Quencher in der Probe. Unter Nutzung der eingangs formulierten Bedingung (I_{Fl} ~ [F*]) können die Gleichungen 6.8a und 6.8b zusammengefaßt und in der Form

$$I_{fl0} / I_{Fl} = (k_{Fl0} + k_q [Q]) / k_{Fl0} = 1 + k_q \cdot \tau_{Fl0} [Q] \tag{6.9}$$

geschrieben werden. Das Produkt $k_q \cdot \tau_{Fl0} = k_D$ wird als *Stern-Volmer-Quenchingkonstante* zusammengefaßt. Die Aufnahme eines linearen Stern-Volmer-Plots bedeutet jedoch nicht automatisch, daß ein dynamischer Löschprozeß beobachtet wurde, vielmehr kann auch für das statische Quenching ein linearer Zusammenhang registriert werden (vgl. Punkt 6.2.2). Eine Aussage zur Art der Löschung können zeitaufgelöste oder temperaturabhängige Messungen liefern.

Da es sich um einen Löschprozeß des angeregten Zustandes handelt, kann die Stern-Volmer-Geichung für die dynamische Fluoreszenzlöschung alternativ auch unter Nutzung der gemessenen Fluoreszenzlebensdauern mit (τ_{Fl}) und ohne (τ_{Fl0}) Quenchermoleküle formuliert werden:

$$\tau_{Fl0} = 1 / k_{Fl0} \tag{6.10a}$$

$$\tau_{Fl} = 1 / (k_{Fl0} + k_q [Q]) \tag{6.10b}$$

$$\tau_{Fl0} / \tau_{Fl} = 1 + k_q \cdot \tau_{Fl0} [Q] \tag{6.11}$$

Damit wird auch ein wichtiger Zusammenhang für die dynamische Lumineszenzlöschung deutlich:

$$I_{fl0} / I_{Fl} = \tau_{Fl0} / \tau_{Fl} . \tag{6.12}$$

Wird eine solche Abhängigkeit beobachtet, so läuft eindeutig eine dynamische Löschung ab.

Da andererseits dieser Prozeß die Bildung eines Stoßkomplexes zwischen Fluorophor und Quencher voraussetzt, ist leicht einzusehen, daß die Effizienz des Prozesses temperaturabhängig sein muß. Somit ergibt sich ein steilerer Anstieg der aufgetragenen Kurven (vgl. Abb. 6.6) mit zunehmender Temperatur.

Eine besondere Bedeutung kommt demnach bei der quantitativen Beschreibung des Prozesses der Ratenkonstante der dynamischen Fluoreszenzlöschung zu. Da der Prozeß eine Begegnung von Fluorophor und Quencher voraussetzt, ist er einerseits diffusionsabhängig, zum anderen muß aber nicht jede Kollision zu einer Fluoreszenzlöschung führen. Aus diesen Überlegungen folgt, daß k_q als Produkt aus der bimolekularen Quenchingkonstante (k_0) und der Quenchingeffizienz (q): $k_q = k_0 \cdot q$ beschrieben werden kann. k_q läßt sich aus den experimentellen Daten ($k_q = \tau_{Fl}{}^{-1}$) ableiten, während k_0 über die Smoluchowski-Gleichung bestimmt werden kann. Bei ihrer Anwendung muß jedoch beachtet werden, daß sie streng genommen nur für kugelförmige Moleküle gilt:

$$k_0 = 4\pi \, R \, D \, N_A \, / \, 1000 \tag{6.13}$$

Dabei bedeuten: D - die Summe der Diffusionskoeffizienten von Fluorophor und Quencher ($D = D_f + D_q$), R - die Summe der Stoßradien ($R = R_f + R_q$) und N_A - die Avogadro-Zahl. Die Quenchingeffizienz q kann nun unter Kenntnis von D und R berechnet werden. Sind die untersuchten Moleküle größer als die Lösungsmittelmoleküle, kann die Diffusionskonstante mit der Stokes-Einstein-Beziehung bestimmt werden:

$$D = k_B T \, / \, 6 \, \pi \, \eta \, R \tag{6.14}$$

Dabei ist k_B die Boltzmann-Konstante und η die Viskosität der Probe. Auch diese Beziehung gilt streng nur für kugelförmige Moleküle. Daneben ist zu beachten, daß sich für kleinere Moleküle (z.B. Sauerstoff in Ethanol) bei Nutzung der Gleichung leicht eine Unterbewertung der Diffusionskonstanten ergeben kann. Hier bietet sich als Alternative (neben der Nutzung von Tabellenwerten für Standardprobleme) die Bestimmung von D aus *Nomogrammen* an [Ot 53].

6.2.2   Statische Fluoreszenzlöschung

Bei der statischen Fluoreszenzlöschung handelt es sich um einen Prozeß, der die Bildung eines Grundzustandskomplexes zwischen Quencher und Fluorophor erfordert (Abb. 6.7). Es wird vorausgesetzt, daß der gebildete Komplex nach Lichtabsorption strahlungslos in den Grundzustand übergeht, und Fluoreszenz nur vom nichtkomplexierten Fluorophor emittiert wird. Daraus folgt, daß die gemessene Fluoreszenzlebensdauer vom Quenchingprozeß nicht beeinflußt wird. Die Abhängigkeit der Fluoreszenzintensität von der Quencherkonzentration [Q] kann nun mit Hilfe der Ratenkonstante der Komplexbildung (k_k) erhalten werden.

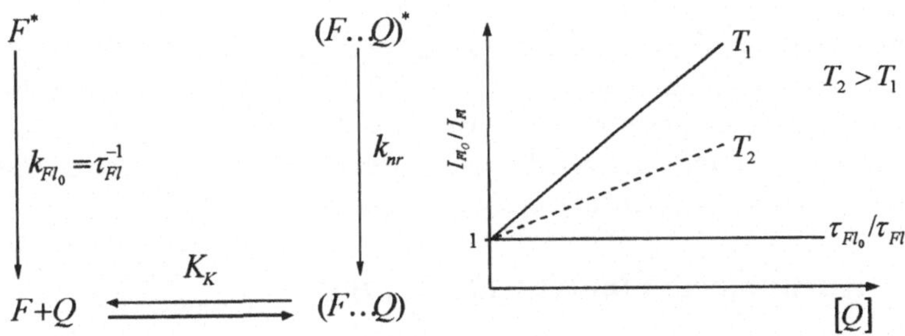

Abb. 6.7: Schematische Darstellung der statischen Fluoreszenzlöschung

Mit:

$$k_k = \frac{[F\text{-}Q]}{[F][Q]} \qquad (6.15)$$

und der totalen Konzentration der Fluorophore $[F]_T = [F] + [F\text{-}Q]$ können wir schreiben:

$$k_k = \frac{[F]_T - [F]}{[F][Q]} = \frac{[F]_T}{[F][Q]} - \frac{1}{[Q]} \qquad (6.16)$$

Unter Nutzung der direkten Proportionalität von Fluoreszenzintensität und Fluorophorkonzentration ($f = I_{fl} / I_{fl0} \cong [F] / [F]_T$) kann Gleichung 6.16 in der Form:

$$I_{fl0} / I_{fl} = 1 + k_k [Q] \qquad (6.17)$$

notiert werden. Auch diese Gleichung spiegelt eine lineare Beziehung zwischen der Quencherkonzentration und dem Verhältnis der Fluoreszenzintensitäten mit und ohne Quencher wider. Somit kann aus Messungen der Fluoreszenzintensität allein nicht auf den Mechanismus der Löschung geschlußfolgert werden. Im

Gegensatz zum dynamischen Quenching wird die Ratenkonstante des Löschprozesses durch Temperaturerhöhung jedoch herabgesetzt. Da k_k als Ratenkonstante der Komplexbildung definiert ist, wird sich das Gleichgewicht zwischen freien und komplexierten Fluorophoren mit steigender Temperatur in Richtung der freien Fluorophore verschieben. Folglich nimmt die Konzentration der Grundzustandskomplexe ab und die Effizienz des statischen Quenching sinkt. Somit sind temperatur- und zeitabhängige Messungen geeignet, eine Aussage über die Art des beobachteten Quenching zu machen.

6.2.3 Kombinierte Fluoreszenzlöschung

Zum besseren Verständnis der zugrundeliegenden Mechanismen haben wir dynamisches und statisches Quenching zwar zunächst getrennt diskutiert, in der Regel wird man jedoch eine Überlagerung dieser beiden Formen der Fluoreszenzlöschung beobachten. Ein Hinweis auf ein solches "Mixing" ist ein in Richtung Abzisse von der Geraden abweichender Stern-Volmer-Plot.

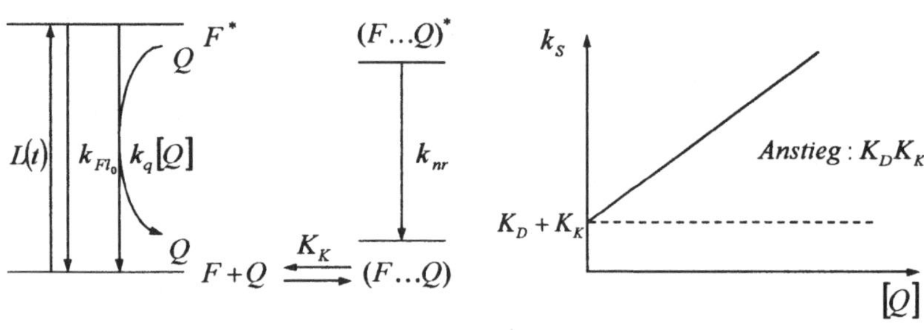

Abb. 6.8: Schematische Darstellung der kombinierten Fluoreszenzlöschung

Ausgehend von der Überlegung, daß beide Prozesse gleichzeitig ablaufen, ergibt sich das Verhältnis der Fluoreszenzintensität ohne und mit Quencher als Produkt aus den Intensitätsverhältnissen beider Prozesse:

$$I_{fl0} / I_{fl} = (1 + k_D [Q]) \cdot (1 + k_k [Q]) \tag{6.18}$$

Für einen kombinierten Löschprozeß erhalten wir somit die Stern-Volmer-Gleichung in modifizierter Form, die eine quadratische Abhängigkeit der Fluoreszenzintensität von der Quencherkonzentration beschreibt.

Der Anteil des dynamischen Quenching am Gesamtprozeß der Fluoreszenzlöschung kann relativ einfach über die Messung der Abklingzeiten in Abhängigkeit von der Quencherkonzentration ermittelt werden: $\tau_{Fl0} / \tau_{Fl} = 1 + k_D\,[Q]$.

Besteht die Möglichkeit der Messung von Fluoreszenzlebensdauern nicht, können k_D und k_k mit einigem Rechenaufwand dennoch getrennt werden. Dazu wird Gleichung 6.9 in modifizierter Form geschrieben:

$$I_{fl0} / I_{fl} = 1 + (k_D + k_k)\,[Q] + k_D\,k_k\,[Q]^2$$

$$= 1 + k_s\,[Q] \tag{6.19}$$

Die "scheinbare" Ratenkonstante $k_s = (k_D + k_k) + k_D\,k_k\,[Q] = (I_{fl} / I_{fl0})\,-1$ wird nun für jede Quencherkonzentration berechnet. Die Auftragung von k_s gegen $[Q]$ ergibt dann eine Gerade, deren Schnittpunkt mit der Abzisse bei $(k_D + k_k)$ liegt und die den Anstieg $k_D \cdot k_k$ hat (vgl. Abb. 6.8). Damit können die individuellen Beiträge der beiden Quenchmechanismen zur Gesamtlöschung der Fluoreszenz bestimmt werden.

6.2.4 Beispiele

Der Formalismus, den wir am Beispiel der Fluoreszenzlöschung eingeführt haben, läßt sich ebenso auf die Phosphoreszenzlöschung anwenden. Wegen seiner besonderen Relevanz für Prozesse der Photosensibilisierung (vgl. Kapitel 5) sollen an dieser Stelle zwei Beispiele zur dynamischen Löschung der Singulettsauerstofflumineszenz diskutiert werden.

6.2.4.1 Löschung von Singulettsauerstoff durch Natriumazid

In Abb. 6.9 ist die Löschung der Singulettsauerstofflumineszenz durch Natriumazid dargestellt. Der Singulettsauerstoff wurde durch Energieübertragung von Methylenblau auf molekularen Sauerstoff (vgl. Kapitel 5) generiert.

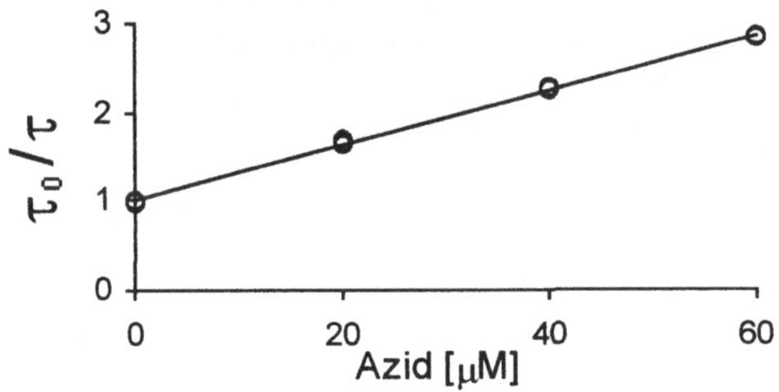

Abb. 6.9: Lumineszenzlöschung von Singulettsauerstoff durch Natriumazid

Die Messung erfolgte in D_2O. Die Verwendung von D_2O ist zur Verlängerung der Lebensdauer des Singulettsauerstoffes (vgl. Kapitel 6.1) erforderlich. Aus der Abbildung wird deutlich, daß das Verhältnis der Lebensdauern, aufgetragen über der Quencherkonzentration, eine Gerade ergibt. Somit können wir auf einen dynamischen Löschprozeß schließen. Die Ratenkonstante des Quenchprozesses kann aus dem Anstieg der Geraden bestimmt werden. Sie beträgt für Natriumazid $5 \cdot 10^8 \, \mathrm{Mol^{-1} s^{-1}}$. Damit ist diese Verbindung eine der effizientesten Substanzen, um Singulettsauerstoff zu quenchen. Sie wird sehr häufig für Quenchversuche genutzt, da sie im Gegensatz zu anderen Quenchern (z.B. Carotin) nicht den Triplettzustand des Farbstoffes löscht.

6.2.4.2 Löschung von Singulettsauerstoff durch Dendrimere

Oftmals ist es schwierig oder gar unmöglich, die genauen stöchiometrischen Verhältnisse bei der Bildung von Einschlußkomplexen zu bestimmen. Da diese Prozesse statistisch über nicht kovalente Wechselwirkungen ablaufen, können relevante Aussagen in den meisten Fällen nur in Form von mittleren Größen oder Wahrscheinlichkeiten getroffen werden. Eine Möglichkeit, derartige Abschätzungen zu treffen, bietet sich in optischen Methoden an, bei deren Anwendung die Probe keine Veränderung erfährt. Ein Beispiel für solche komplizierten Systeme sind Farbstoff-Dendrimer-Komplexe [Bo 94].
Im folgenden Versuch [Ha 99] wurde zu einer ethanolischen Lösung mit einer definierten Konzentration von Phäophorbid a - Dendrimer-Komplexen (bei einer

Phäophorbid a -Konzentration von $2 \cdot 10^{-5}$M) weiteres freies Dendrimer (DAB) zugegeben. Der Singulettsauerstoff wurde über Energietransfer vom angeregten Triplettzustand des Phäophorbid a generiert und seine Abklingzeit in Abhängigkeit von der Konzentration des zugegebenen Dendrimer gemessen. Eine Auftragung der Meßergebnisse im Stern-Volmer-Plot (Abb. 6.10) ergibt

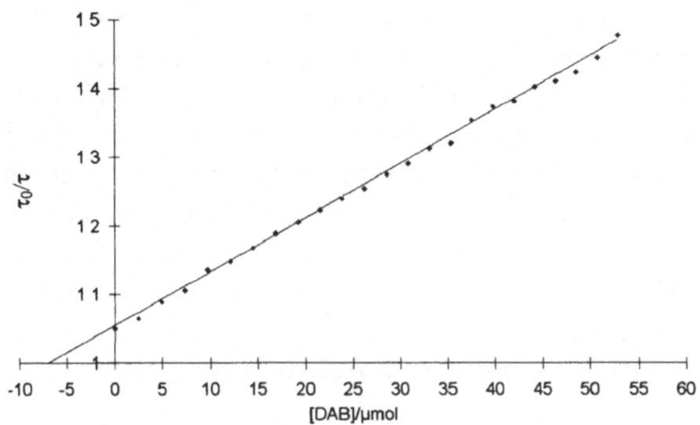

Abb. 6.10: Stern-Volmer-Diagramm zur dynamischen Löschung der Singulettsauerstofflumineszenz durch Dendrimere

wiederum eine lineare Abhängigkeit, womit auf eine dynamische Lumineszenzlöschung geschlossen werden kann. Mit dem Ansatz:

$$\tau_\Delta^{-1} = \sum_i k_i + k[Q] \tag{6.20}$$

mit τ_Δ als Abklingzeit der Sauerstofflumineszenz bei Gegenwart des Quenchers in der Konzentration [Q], k als Reaktionskonstante und den Ratenkonstanten k_i der übrigen Relaxationsprozesse kann über Extrapolation der Kurve auf τ_Δ bei [Q] = 0, also in reinem Ethanol, auf eine Konzentration von $7 \cdot 10^{-6}$M des in den Phäophorbid a - Dendrimer-Komplexen enthaltenen Dendrimers zurückgeschlossen werden. Mit der bekannten Konzentration des Phäophorbid a in der Lösung kann damit das stöchiometrische Verhältnis von Phäophorbid a : Dendrimer in den Komplexen mit ca. 2,8 : 1 angegeben werden.

6.3   Fluoreszenzanisotropie

Neben der spektralen Verteilung sowie dem Zeitverhalten der Fluoreszenz können bei Anregung mit polarisiertem Licht aus dem nunmehr polarisierten Fluoreszenzsignal zusätzliche Informationen gewonnen werden. Eine wichtige Ursache der auftretenden Depolarisation ist die *Rotationsdiffusion*. Da sie abhängig von der Größe des Fluorophors und der Viskosität seiner Umgebung ist, können mit derartigen Messungen Aussagen zu Größe und Mikroumgebung des Fluorophors gewonnen werden. Damit hat die Methode der Fluoreszenz-ansiotropiemessung vielfältige Anwendungen in der biochemischen und biophysikalischen Forschung. So können z.B. Rotationskonstanten von Proteinen, Protein-Liganden-Bindungen (z.B. Antikörper - Farbstoff), oder auch die Einbettung von Fluorophoren in Liposomen oder Mizellen untersucht werden.
Die prinzipielle Vorgehensweise bei der experimentellen Bestimmung der Polarisation bzw. der Anisotropie ist in Abb. 6.11 dargestellt.

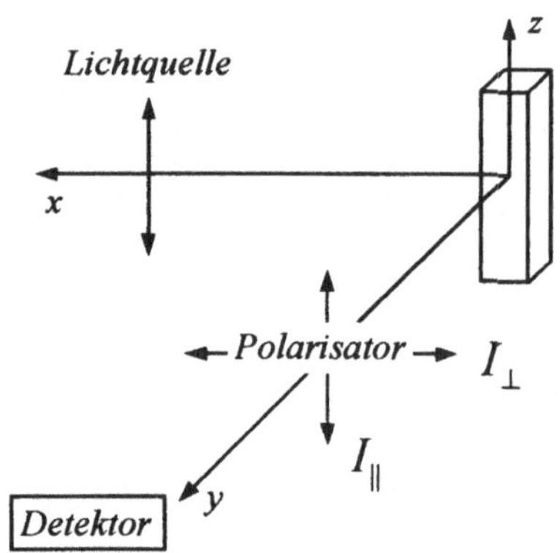

Abb. 6.11: Schematische Darstellung der Meßanordnung zur Bestimmung der Fluoreszenzanisotropie

Aus der Messung der Gesamtintensität der Fluoreszenz sowie der parallel und senkrecht zum Anregungslicht orientierten Komponente des Fluoreszenzsignales lassen sich die Polarisation und die Anisotropie aus den folgenden Beziehungen bestimmen:

$$\text{Polarisation} \quad : \quad P = \frac{I_{\parallel} - I_{\perp}}{I_{\parallel} + I_{\perp}} \tag{6.21a}$$

$$\text{Anisotropie} \quad : \quad r = \frac{I_{\parallel} - I_{\perp}}{I_{\parallel} + 2I_{\perp}} \tag{6.21b}$$

Es ist leicht zu erkennen, daß für vollständig polarisiertes Fluoreszenzlicht gilt $I_{\perp} = 0$ und damit $P = r = 1$. Dieser Wert wird für Moleküle in Lösung nicht gefunden, da eine Reihe von Prozessen der vollständigen Polarisation entgegenwirkt (siehe unten). Beide Größen - Polarisation und Anisotropie - spiegeln den gleichen Prozeß wider. Allerdings wird in der modernen Literatur der Begriff der Anisotropie bevorzugt, da sich die mathematische Beschreibung wesentlich einfacher gestaltet.

6.3.1 Stationäre Fluoreszenzanisotropie

Die Theorie zur Beschreibung der Fluoreszenzdepolarisation basiert auf dem Verständnis des Fluorophors als oszillierender Dipol. Unter der Annahme, daß Absorptions- und Emissionsdipol des Fluorophors kolinear schwingen und keine Depolarisationsprozesse stattfinden, kann die Intensität der einzelnen Fluoreszenzkomponenten aus der Wahrscheinlichkeit der Orientierung der Dipole ($f(\Theta)$) relativ zur Schwingungsrichtung des polarisierten Anregungslichtes bestimmt werden:

$$I_{\parallel} \sim \int_0^{\frac{\pi}{2}} f(\Theta)\cos^2\Theta \, d\Theta = \overline{\cos^2\Theta} \tag{6.22}$$

$$I_{\perp} \sim \frac{1}{2}\int_0^{\frac{\pi}{2}} f(\Theta) \sin^2\Theta \, d\Theta = \frac{1}{2}\overline{\sin^2\Theta} \tag{6.23}$$

Dabei stellt Θ den Winkel zwischen Dipolachse und Anregungslichtschwingung dar. Unter Nutzung von Gleichung 6.23 und der Beziehung $\sin^2\Theta = 1 - \cos^2\Theta$ erhalten wir für die Anisotropie:

$$r = \frac{3}{2} \cdot \overline{(\cos^2\Theta - 1)} \qquad\qquad (6.24)$$

Aus diesen Betrachtungen folgt, daß gestreutes Licht vollständig polarisiert ist, da in diesem Fall $\Theta = 0$ und r = 1 sind. Da die Anregungswahrscheinlichkeit proportional zu $\cos^2\Theta$ ist, wird der vollständige Verlust der Polarisation bei dem Winkel $\Theta = 54{,}7°$, d.h. wenn der Mittelwert von $\cos^2\Theta$ den Wert 1/3 annimmt, erreicht. Dieser Winkel wird als *"magischer Winkel"* bezeichnet.
Entsprechend der Orientierung der Absorptionsdipole der Moleküle relativ zur Schwingungsrichtung des Anregungslichtes wird unter der Annahme kolinearer Orientierung von Absorptions- und Emissionsdipol der Moleküle bei Fehlen von Depolarisationsprozessen für eine isotrope Lösung ein Maximalwert der Anisotropie von $r_{max} = 0{,}4$ erhalten. Wie wir in der weiteren Diskussion sehen werden, kann dieser Wert nur unter bestimmten Bedingungen annähernd erreicht werden. Wird für die Anisotropie ein Wert von r > 0,4 ermittelt, so ist mit hoher Wahrscheinlichkeit damit zu rechnen, daß Streulicht im Meßstrahlengang vorhanden ist.

Die Annahme der kolinearen Orientierung von Absorptions- und Emissionsdipol trifft nicht zwangsläufig zu. Wegen der unterschiedlichen Elektronendichteverteilung in den Molekülen im Grund- und ersten angeregten Zustand sind in der Regel auch unterschiedliche Orientierungen der elektronischen Dipolmomente zu erwarten. Dieser Winkel (α) zwischen den beiden Dipolmomenten kann bei tiefen Temperaturen, bei denen weder ein Energietransfer noch Rotationsdiffusion der Moleküle stattfinden, bestimmt werden. Als Beispiel sollen an dieser Stelle stationäre Anisotropiemessungen an Phäophorbid a in Ethanol bei 120K diskutiert werden (Abb. 6.12).

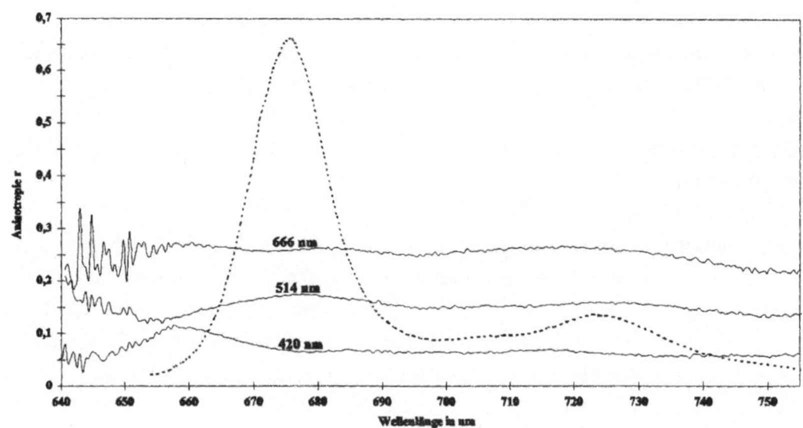

Abb. 6.12: Fluoreszenzspektrum und stationäre Fluoreszenzanisotropie (in rel. Einheiten) von Phäophorbid a bei 120K (in Ethanol) bei unterschiedlichen Anregungswellenlängen (nach [Rö 99])

In der Abbildung sind das stationäre Fluoreszenzspektrum bei 120K sowie die Kurven der stationären Anisotropie, gemessen nach Anregung bei unterschiedlichen Anregungswellenlängen (Tab. 6.1) dargestellt. Aus den Meßdaten lassen sich die in Tab. 6.1 angeführten Werte für die mittlere Anisotropie und den Winkel α für die

λ_{exc} [nm]	Elektronischer Übergang	mittlere Anisotropie	α [°]
666	$S_{0,0} \rightarrow S_{1,0}$	0,26	29
514	$S_{0,0} \rightarrow S_{2,0}$	0,16	39
420	$S_{0,0} \rightarrow S_n$	0,06	49

Tab. 6.1: Mittlere Anisotropie und Winkel (α) für unterschiedliche elektronische Übergänge des Pheophorbid a.

verschiedenen elektronischen Übergänge bestimmen. Es wird deutlich, daß nicht nur die Anisotropie für die verschiedenen Übergänge, sondern auch die Winkel zwischen Absorptions- und Emissionsdipolmoment unterschiedlich sind. Ähnliche Untersuchungen an Phäophytin a [Za 95] ergaben fast identische Werte. Diese Daten belegen ein weiteres Mal die entscheidende Rolle des makrozyklischen π-Elektronensystems für die elektronischen Eigenschaften der Tetrapyrrole und die relativ geringe Bedeutung der Variation von nichtzyklischen Substituenten.

Unsere bisherigen Betrachtungen haben wir unter der Annahme geführt, daß die Fluorophore sich nicht bewegen und der angeregte Zustand im ursprünglich angeregten Fluorophor lokalisiert ist. Diese Annahme entspricht nur in sehr wenigen Fällen der Realität. In der Regel laufen während der Lebensdauer des angeregten Zustandes zwei wesentliche Depolarisationsprozesse ab - die Rotationsdiffusion sowie der Energietransfer zwischen den Molekülen. Beide Prozesse verursachen eine zusätzliche Winkelverteilung der Emissionsdipole und rufen damit eine Verringerung der Anisotropie hervor. Aufgrund ihres unterschiedlichen Zeitverhaltens können beide Prozesse jedoch experimentell leicht getrennt werden. So ruft die Rotationsdiffusion eine vernachlässigbare Depolarisation hervor, wenn die *Rotationskorrelationszeit* (Φ_{rot}) wesentlich größer als die Fluoreszenzlebensdauer (τ_{Fl}) ist . Diese Aussage kann leicht mit der *Perrin-Gleichung* (Gl. 6.28) illustriert werden, aus der für $\Phi_{rot} \gg \tau_{Fl}$ folgt , daß $r = r_0$, der Anfangsanisotropie, sein muß.
Ein strahlungsloser Energietransfer zwischen den Molekülen ist erst ab mittleren Abständen von ca. 10nm zu erwarten (vgl. Kapitel 3). Ein solcher Abstand würde einer Konzentration der Fluorophore nahe dem millimolaren Bereich entsprechen. Da bei Fluoreszenzuntersuchungen in der Regel mit Konzentrationen $\leq 10^{-6}$ Mol gearbeitet wird, ist bei isotropen Lösungen nicht mit einer Beeinflussung der Anisotropie durch diesen Prozeß zu rechnen.
Der Einfluß der Rotationsdiffusion auf die Fluoreszenzanisotropie kann mit der *Perrin-Gleichung* beschrieben werden, die auf verschiedenen Wegen hergeleitet werden kann. Unter der Annahme der Anregung eines sphärischen Moleküls durch einen δ-Impuls kann der Abklingprozeß einfach exponentiell beschrieben werden:

$$r(t) = r_0 \exp\left[-\frac{t}{\Phi_{Rot}}\right] \tag{6.25}$$

Die Rotationskorrelationszeit ist abhängig von der Viskosität (η) der Probe sowie vom Molekülvolumen (V):

$$\Phi_{Rot} = \frac{\eta V}{R T} \tag{6.26}$$

(mit: R - allgemeine Gaskonstante; T - Temperatur). Aus dem Zeitverhalten der Gesamtfluoreszenz $I(t) = I_0 \exp[-t/\tau]$ und stationären Anisotropiemessungen kann der Mittelwert von r(t) erhalten werden. Damit ergibt sich für die Anisotropie r:

$$r = \frac{\int_0^\infty I(t)\ r(t)\ dt}{\int_0^\infty I(t)\ dt} \tag{6.27}$$

Wir erhalten die *Perrrin-Gleichung* in der Form:

$$r = \frac{r_0}{1 + (\tau / \Phi_{Rot})} \tag{6.28}$$

Für die Rotationskorrelationszeit bei stationären Anisotropiemessungen werden zwei Grenzfälle unterschieden:

$\Phi_{Rot} \gg \tau$: es wird die Anfangsanisotropie r_0 gemessen

$\Phi_{Rot} \ll \tau$: die mittlere Anisotropie ist Null (r=0).

6.3.2 Dynamische Fluoreszenzanisotropie

Die Perrin-Gleichung für zeitaufgelöste Messungen der Anisotropie kann in analoger Betrachtung abgeleitet werden. Für die Anisotropie gilt:

$$r(t) = \frac{I_{II}(t) - I_\perp(t)}{I_{II}(t) + 2 I_\perp(t)} = \frac{D(t)}{I(t)} \tag{6.29}$$

Unter Beachtung der eingangs getroffenen Bedingungen einer isotropen Lösung von sphärischen Molekülen bei δ-Impuls-Anregung gilt für die Fluoreszenz:

$$I(t) = I_0 \exp\left[-\frac{t}{\tau}\right] \tag{6.30}$$

und damit für das Zeitverhalten der Fluoreszenzanisotropie:

$$r(t) = r_0 \exp\left[-\frac{t}{\Phi_{Rot}}\right] = r_0 \exp\left[-6R_K t\right] \tag{6.31}$$

Dabei stellen R_K die Rotationskonstante $(6R_K = \Phi_{Rot}^{-1})$ und r_0 die Anfangsanisotropie dar, die gemessen würde, wenn es keine Rotationsdiffusion gäbe. Zu beachten bei der Diskussion der Fluoreszenzanisotropie ist, daß nur die einzelnen Werte der Fluoreszenz $(I, I_{II}, I\perp)$ Meßgrößen sind. Die Kurvenverläufe von D(t) und r(t) sind berechnete Größen. Daraus folgt, daß verlässliche Ergebnisse nur für solche Experimente erzielt werden können, für die τ in der Größenordnung von Φ_{rot} liegt. Das leuchtet sofort ein, wenn man beachtet, daß für $\tau << \Phi_{rot}$ die Fluoreszenz bereits abgeklungen sein muß, bevor eine meßbare Rotationsdiffusion stattgefunden hat und andererseits für $\tau >> \Phi_{rot}$ die Größe von D(t) $\approx$ 0 sein wird.

Wesentlich komplizierter gestaltet sich die Bestimmung der Anisotropie für Moleküle in Lösung, die stark von der sphärischen Form abweichen. In diesem Fall müssen - je nach Form der Moleküle - mehr als nur eine Rotationsachse berücksichtigt werden. Da diese Betrachtungen den Rahmen dieses Buches sprengen würden, sei auf die entsprechende Literatur verwiesen [La 83]. Allerdings kann oftmals für nichtsphärische Moleküle eine resultierende Rotationskorrelationszeit angenommen werden, wodurch die Betrachtung wieder auf nur eine Zeitkonstante der Anisotropie reduziert wird.

Ein interessanter Fall, der in der biophysikalischen Forschung eine besondere Rolle spielt, ist die *behinderte Rotationsdiffusion*. Dabei geht der Wert der Anisotropie mit der Zeit nicht auf Null zurück, sondern es bleibt eine "*Restanisotropie*" (r_∞) erhalten:

$$r(t) = (r_0 - r_\infty) \exp\left[-t/\Phi\right] + r_\infty \tag{6.32}$$

Mit dieser Restanisotropie wird de facto eine räumliche Beschränkung der Bewegung des fluoreszierenden Moleküls erfaßt. Aus der Größe der

Bewegung des fluoreszierenden Moleküls erfaßt. Aus der Größe der Restanisotropie kann auf das Ausmaß der Rotationsbehinderung rückgeschlossen werden. In Abb. 6.13a sind simulierte Kurvenverläufe für unterschiedliche Rotationsbehinderungen dargestellt.

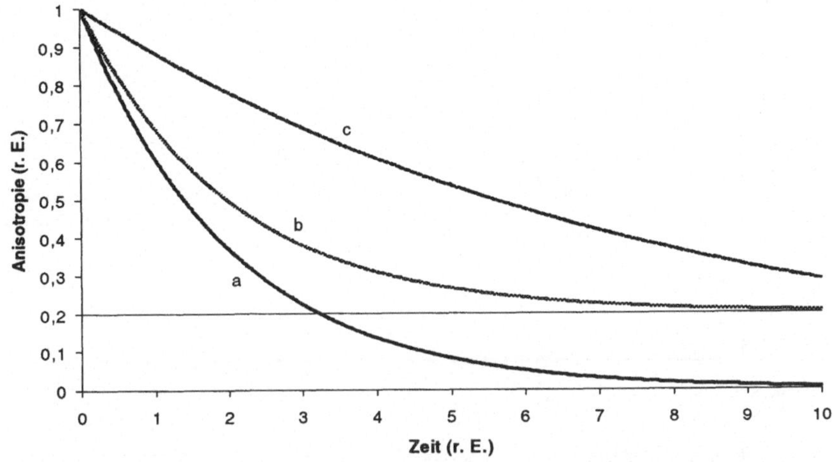

Abb. 6.13a: Simulierte Abklingkurven der Anisotropie eines Fluorophors für die Fälle:
a: ungehinderte Rotation;
b: Rotation bis zu einem bestimmten Maximalwert möglich;
c: starre Ankopplung des Fluorophors an ein Makromolekül

Im Fall a wird eine ungehinderte Rotation gemessen, die Anisotropie geht auf den Wert Null zurück. In diesem Fall befindet sich das Fluorophor entweder frei in Lösung, oder ist nur sehr schwach am Makromolekül assoziiert. Der Fall b beschreibt die Rotation innerhalb eines bestimmten Winkels. Das Fluorophor ist am Makromolekül assoziert. Die Ansiotropie geht nicht mehr auf Null zurück. Im dritten Fall (c) ist das Fluorophor nicht mehr zu einer Eigenrotation fähig, es wird nur noch die Rotation des Makromoleküls beobachtet. Entsprechend der Größe des Makromoleküls erfolgt ein relativ langsames Abklingen der Ansiptropie auf den Wert Null.

In der Regel wird man jedoch bei der Einlagerung eines Farbstoffes in ein makromolekulares System bzw. der Ankopplung an ein Makromolekül eine Überlagerung der Rotation des Fluorophors und des Makromoleküls vorliegen

haben (Abb. 6.13b).

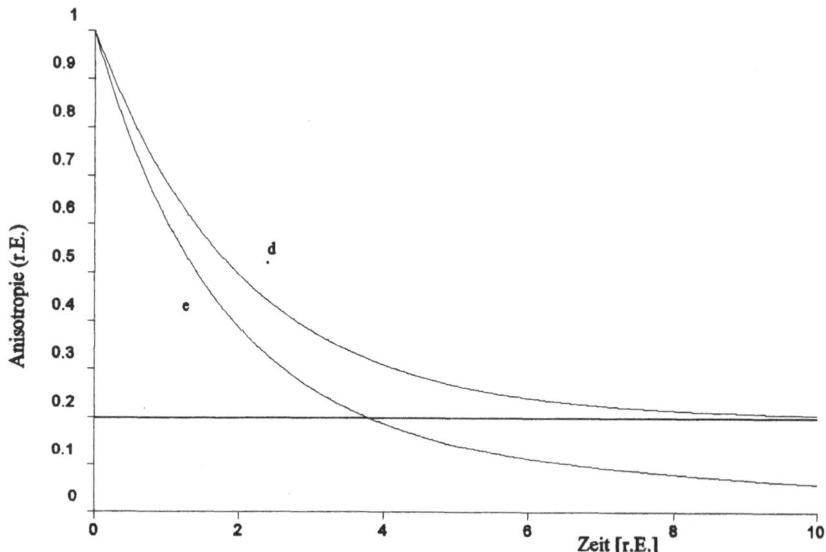

Abb. 6.13b: Simulierte Abklingkurven der Anisotropie für den Fall der Ankopplung eines
             Fluorophors an ein Makromolekül (Kovalente oder nichtkovalente Ankopplung):
             d: Abklingverhalten des Fluorophors;
             e: Überlagerung des Abklingverhaltens von Fluorophor und Makromolekül

Zur Beschreibung dieses Falles nehmen wir an, daß die Bewegung des
Fluorophors innerhalb eines bestimmten Raumsegmentes erfolgt und unabhängig
von der Bewegung des Makromoleküls sei. Die Beschreibung dieser Bewegung
kann nun mit zwei separaten Rotationskorrelationszeiten erfolgen, Φ_1- der
Rotationskorrelationszeit des Fluorophors und Φ_2 - der des gesamten
Molekülkomplexes:

$$r(t) = r_0 \left[\alpha \exp \left(-t/\Phi_1 \right) + (1-\alpha) \right] \exp \left(-t/\Phi_2 \right) \qquad (6.33)$$

Damit wird ein etwas komplexerer Fall der behinderten Rotation beschrieben, in dem die Anisotropie des Fluorophors zwar schnell auf $r_\infty = r_0 (1-\alpha)$ abklingt (vgl. Gl. 6.32), aber die Gesamtanisotropie dennoch im Resultat der Gesamtrotation des Makromoleküls auf Null absinkt (Gl. 6.33 Faktor: exp $[t / \Phi_2]$, Abb. 6.13b: Kurve e).

Interessanterweise ist dabei zu vermerken, daß die schnellere Rotationsbewegung behindert sein muß ($\alpha < 1$), damit ein mehrfach exponentielles Abklingen der Anisotropie beobachtet werden kann. Wäre die Rotation des Fluorophors frei, d.h. $\alpha=1$, würde die Anisotropie mit einer "scheinbaren" Rotationskorrelationszeit (Φ_S) einfach exponentiell abklingen. Diese Abklingzeit würde die beiden Korrelationszeiten enthalten: $\Phi_S = \Phi_1\Phi_2 / (\Phi_1 + \Phi_2)$. Somit kann die kurze Rotationskorrelationszeit des Fluorophors (Φ_1) nur beobachtet werden, wenn Φ_S klein gegen die Rotationskorrelationszeit des Gesamtmoleküls (Φ_2) ist.

Die behinderte Rotationsdiffusion wird insbesondere bei der Ein- oder Anlagerung von Fluorophoren in oder an größere Moleküle oder Molekülensembles, wie z.B. Antikörper, Mizellen, Liposomen oder Dendrimere, beobachtet. Zur Illustration sollen in den folgenden Abschnitten einige Beispiele diskutiert werden.

6.3.3 Beispiele

6.3.3.1 Bestimmung von Mikroviskositäten in Mizellen

Zur Untersuchung des Einflusses einer hydrophoben Umgebung auf die Eigenschaften von Farbstoffen o.a. Substanzen verwendet man häufig Mizellen [Ke 95]. Da das Volumen dieser Strukturen im Bereich von ca. 10 bis 30 nm^3 liegt, ist bei großen Molekülen wie z.B. Tetraphenylporphyrinen oder Bacteriochlorophyllen nicht immer klar, ob das Molekül tatsächlich in der Mizelle eingebettet ist. Unter Nutzung von Gl. 6.26 und Kenntnis der Viskosität in den Mizellen, kann über die Bestimmung der dynamischen Anisotropie eine Aussage zur Viskosität in der Mikroumgebung der untersuchten Substanz getroffen und damit auf die Wahrscheinlichkeit der Einbettung geschlossen werden.

Im folgenden Beispiel wurde 13^2-hydroxy-Bacteriophäophorbid-a - methylester mit unterschiedlichen Detergenzien suspensiert und über die Bestimmung der Rotationskorrelationszeit die Viskosität (η_{exp}) unter Nutzung von Gl. 6.26 in der nahen Umgebung des Moleküls berechnet und mit Literaturdaten verglichen (η_{Lit}).

Detergent	λ_{max}^{Abs} [nm]	τ_{Fl} [nsec] [$\pm$ 0.01 ns]	Φ_{Rot} [nsec]	η_{exp} [cP]	η_{Lit} * [cP]
Triton X-100	753	2.08	12.0 ± 1.6	66	120
CTAB	752	1.78	4.8 ± 0.5	26	19
CTAC	752	1.98	4.0 ± 0.3	22	18
SDS	753	1.91	3.1 ± 0.2	17	10

Tab. 6.2: Bestimmung der Fluoreszenzabklingzeit und der Rotationskorrelationszeit von 13^2-hydroxy-Bacteriopheophorbid-a-methylester in unterschiedlichen mizellaren Suspensionen (*Werte aus: K.Kalyanasundram, Photochemistry in microheterogeneous systems, Academic Press Inc., Orlando Florida 1987) nach [Rö 98]

Die Ergebnisse der Untersuchungen in Tabelle 6.2 zeigen, daß die Werte für das Fluoreszenz- und Anisotropie-Abklingverhalten für CTAB, CTAC und SDS in der gleichen Größenordnung liegen. Es ergeben sich Werte für die Viskosität, die in guter Näherung aus der Literatur bekannten (mit anderen Methoden bestimmten) Werten für die Viskosität im Innern der Mizellen entsprechen. Für Triton X-100 hingegen liegt die Rotationskorrelationszeit fast eine Größenordnung über der Fluoreszenzabklingzeit und die berechnete Viskosität in der Umgebung des Fluorophors weicht sehr stark von der aus der Literatur bekannten Viskosität in diesen Mizellen ab. Obwohl natürlich nicht außer acht gelassen werden darf, daß die Einbettung des Fluorophors eine Veränderung der Viskosität in der Mizelle nach sich zieht, sind die Übereinstimmungen für die letzten drei mizellaren Systeme überraschend gut und lassen eine Einbettung des Fluorophors in die Mizellen als sehr wahrscheinlich erscheinen.

6.3.3.2 Farbstoff-carrier-Komplexe

Wie bei allen Therapien ist auch für die *Photodynamische Therapie* (vgl. Kapitel 5) die selektive Anreicherung des Therapeutikums im Zielgewebe von entscheidender Bedeutung für deren Effizienz. Aus diesem Grund bemüht man sich seit geraumer Zeit um die Entwicklung geeigneter carrier-Systeme, wobei sowohl die kovalente Anbindung an Antikörper wie auch die Bildung von nichtkovalenten Komplexen mit z.B. Liposomen [Ri 88], Lipoproteinen [Ba 86, Ke 95] oder Cyclodextrinen zählen [Rü 97]. Ohne an dieser Stelle die Relevanz des einen oder anderen Transportvehikels diskutieren zu wollen, sollen im folgenden einige Beispiele zur

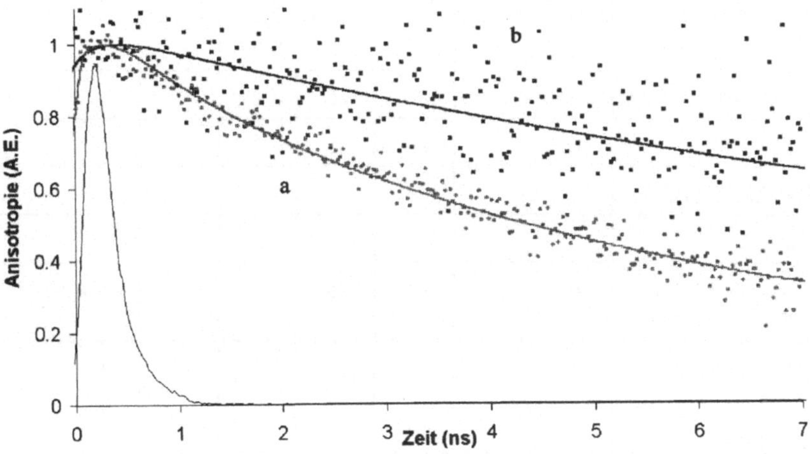

Abb. 6.14: Dynamische Anisotropie von Phäophorbid a (a) und kovalent verknüpft mit einem MAK (b), gemessen unter Zugabe von Triton X-100 (siehe Tab. 6.3)

Bewertung des Einflusses der Komplexbildung auf verschiedene elektronische Eigenschaften eines Photosensibilisatormoleküls nach kovalenter Ankopplung an Antikörper, bzw. die nichtkovalente Wechselwirkung mit carrier-Systemen diskutiert werden. Zur Illustration ist in Abb. 6.14 die dynamische Anisotropie von

Opt. Parameter Probe	λ_{max} (Abs.) $(Q_{(0,0)} - Q_{(1,0)})$ [nm]	λ_{max} (Fluor.) [nm]		τ_{Fl} [nsec] ± 0.1		R_K [s^{-1}]
Ethanol*	667	675	720	5,9		1.2×10^9
PBS*	683	667	710	3,7	0,2	
Liposomen Phäo* : Lipid						
1 : 50	669	680	725	6,2		
1 : 200	669	680	725	6,2		1.2×10^8
1 : 500	669	680	725	6,2		
1 : 1.100	669	680	725	6,2		
1 : 1.700	669	680	725	6,2		
Phäo-MAK**						
in PBS	681	675	725	n.n.		
in PBS +1% Triton X-100	669	684	725	5,6		1.3×10^7
Phäo in PBS +1% Triton X-100	669	691	725	5,9		2.8×10^8

Tab. 6.3: Ausgewählte photophysikalische Parameter von Phäophorbid a in
unterschiedlicher mikroheterogener Umgebung
* c$_{(Phäo)}$ = 1 x 10^{-5} M
**in PBS (pH = 7.4); c$_{(Pheo)}$ = 1.5 x 10^{-5} M; T = 348 K;
nach [Rö 96]

Phäophorbid a in Ethanol (Kurve a) und kovalent an einen monoklonalen
Antikörper (MAK) gebunden dargestellt. Deutlich zu erkennen ist die verlangsamte
Abnahme der Anisotropie für den MAK-Phäophorbid-a-Komplex im Vergleich zum
freien Phäophorbid a. Unter Berücksichtigung unserer Schlußfolgerungen aus der

Diskussion der Modellkurven aus Abb. 6. 13a und 6. 13b folgt, daß in diesem Fall eine starre Ankopplung des Fluorophors vorliegen muß. Es wird nur eine - langsame - Rotationskorrelationszeit beobachtet, die jedoch nicht den Wert Null erreicht.

In Tabelle 6.3 sind einige elektronische Parameter von Phäophorbid a zusammengefaßt [Rö 96].

Wie zu sehen ist, liegt das Maximum der Absorption in der $(Q_{(0,0)} - Q_{(1,0)})$ - Bande (vgl. Kapitel 2) für Monomere bei 667nm. In Liposomen und Mizellen ergibt sich ebenso wie nach Ankopplung an einen Antikörper eine geringfügige bathochrome Verschiebung aufgrund der Wechselwirkung mit den umgebenden Molekülen. In Phosphatpuffer (PBS) dagegen ist eine bathochrome Verschiebung und eine Veränderung der Bandenstruktur zu erkennen, die auf die Aggregation von Phäophorbid a in wässrigem Milieu zurückzuführen ist (vgl. Kapitel 6.1.1). Gleichzeitig ist zu erkennen, daß die Fluoreszenz ihre spektrale Lage mit Ausnahme einer geringfügigen hypsochromen Verschiebung in PBS beibehält, d.h. offensichtlich von noch vorhandenen Monomeren herrührt. Die den Monomeren zugeordnete Abklingzeit verringert sich von 5,9ns in Ethanol auf 3,7ns in PBS. Die registrierte zweite, stark verkürzte Abklingzeit ist den in der Probe vorhandenen Farbstoffdimeren zuzuordnen. In den Liposomen ergibt sich - unabhängig von der Konzentration des Phäophorbid a in den Liposomen eine gleichbleibende Fluoreszenzabklingzeit von 6,2ns. Diese geringe Zunahme von τ ist dem Einfluß der hydrophoben Umgebung auf den Farbstoff in den Liposomen zuzuschreiben. Interessanterweise ergibt sich für Phäophorbid a in Mizellen (Triton X-100) die gleiche Abklingzeit wie in Ethanol, was vermuten läßt, daß die Wechselwirkung mit der Umgebung in diesem Fall nicht so stark ist wie in den Liposomen. Eine Verkürzung der Fluoreszenzlebensdauer ist bei kovalenter Bindung an den Antikörper zu beobachten. Hierbei ist zu berücksichtigen, daß eine Fluoreszenz überhaupt erst nach Zugabe von Triton X-100 beobachtet werden konnte. Die aus zeitaufgelösten Messungen zur Fluoreszenzanisotropie bestimmten Rotations-korrelationszeiten bestätigen die bisher getroffenen Aussagen. Beim Übergang von Ethanol zu liposomalen und mizellaren Systemen beobachtet man eine Verkürzung von R_K um eine Größenordnung. Die kovalente Verknüpfung mit dem Antikörper senkt die Rotationskorrelationszeit nochmals um eine Größenordnung. Aus diesen Daten kann unmittelbar die Schlußfolgerung einer starken Wechselwirkung des Farbstoffes mit dem Antikörper und einer schwächeren, nahezu gleichwertigen Wechselwirkung mit den Molekülen der Liposomen und Mizellen gezogen werden.

6.4   Literatur

[Ba 86] Barel A., Jori,G., Romandini P., Pagna A., Biffanti S.:
         Cancer Lett. 32 (1986) 145

[Bo 94] Jansen F.G.A., Brabander- van den Berg E.M.M., Meijer E.W.:
         Science 266 (1994) 1226

[Ei 99] Eichwurzel I., Stiel H., Röder B.: Photophysical studies of pheophorbide a
         dimers, subm. to: J.Photochem.Photobiol.Biology:B 1999

[Ke 95] Kessel, D.:Photochem. Photobiol. 61 (1995) 646

[Ma 68] Mauser, H.: Zeitschr. Naturforsch. 23b (1968) 1021

[La 73] Lakowicz J.R., Weber G.: Biochem. 12 (1973) 4161

[La 83] Lakowicz J.R.: Principles of Fluorescence Spectroscopy,
         Plenum Press 1983

[Rü 97] Rübner A., Kirsch D., Andrees S., Decker W., Röder B., Spengler B.,
         Kaufmann R., Moser J.G.: J.Incl. Phen. 27 (1997) 69

[Ot 53] Othmer D.F., Thakar M.S.: Ind.Eng.Chem. 45 (1953) 589

[Ri 88] Ricchelli F., Stevanin D., Jori G.: Photochem. Photobiol. 48
         (1988) 13

[Rö 96] Röder B., Hackbarth St., Korth O., Herter R., Hanke Th.:
         SPIE vol. 2625 (1996) 176

[Rö 98] Röder B.: Photobiophysical parameters, S.9, in: PDT 2nd and 3rd
         Generation Photosensitizers, Hrsg.: Moser J.G., harwood academic
         publishers 1998

[Rö 99] Röder B., Hackbarth St., Symietz Ch., Oleckers St., Hanke Th.:
         Photophysical properties of pheophorbide a, subm. to: JPP 1999

[St 19] Stern O., Volmer M.: Physik.Zeitschr. 20 (1919) 183

Stichwortverzeichnis

Ebeling/Freund/
Schweitzer
Komplexe Strukturen: Entropie und Information

Von Prof. Dr. **Werner Ebeling,**
Dr. **Jan Freund**
und Dr. Dr. **Frank Schweitzer**
Humboldt-Universität zu Berlin

1998. 265 Seiten mit 53 Bildern.
16,2 x 22,9 cm.
Kart. DM 58,–
ÖS 423,– / SFr 52,–
ISBN 3-8154-3032-1

Die Erforschung komplexer Strukturen ist gegenwärtig eines der interessantesten wissenschaftlichen Themen. Dieses Buch behandelt Möglichkeiten der Beschreibung und quantitativen Charakterisierung komplexer Strukturen mit Hilfe verschiedener Entropie- und Informationsmaße. Nach einer allgemeinverständlichen Einführung der Grundbegriffe werden die für eine quantitative Analyse erforderlichen Konzepte ausführlich behandelt und an zahlreichen Beispielen, wie Zeitreihen, Biosequenzen, literarischen Texten und Musikstücken, veranschaulicht. Dem interdisziplinären Charakter des Buches entsprechend, werden auch Parallelen zwischen der Informationstheorie und der quantitativen Ästhetik behandelt und Beispiele zur Sprachanalyse vorgestellt. Außerdem wird an Computersimulationen gezeigt, wie sich Selbstorganisation durch die Generierung von Information vollziehen kann. Ein umfangreiches Literaturverzeichnis ermöglicht den Zugang zu weiterführender Literatur.

B. G. Teubner Stuttgart · Leipzig